DE LA

CULTURE DES FLEURS

DANS LES APPARTEMENTS

SUR LES FENÊTRES

ET DANS LES PETITS JARDINS

Ornée de Vignettes

PAR

COURTOIS-GÉRARD

DEUXIÈME ÉDITION

A PARIS

CHEZ L'AUTEUR, GRAINIER-HORTICULTEUR

QUAI DE LA MÉGISSERIE, 34

ET CHEZ TOUS LES LIBRAIRES DE LA FRANCE ET DE L'ÉTRANGER.

1859

DE LA

CULTURE DES FLEURS

DANS LES APPARTEMENTS, SUR LES FENÊTRES

ET DANS

LES PETITS JARDINS.

TABLE DES MATIÈRES.

Paris. — Imprimerie de Firmin Didot frères, fils et Ce, rue Jacob, 56.

DE LA

CULTURE DES FLEURS

DANS LES APPARTEMENTS

SUR LES FENÊTRES

ET DANS LES PETITS JARDINS

Ornée de Vignettes

PAR

COURTOIS-GÉRARD

DEUXIÈME ÉDITION

A PARIS

CHEZ L'AUTEUR, GRAINIER-HORTICULTEUR

QUAI DE LA MÉGISSERIE, 34

ET CHEZ TOUS LES LIBRAIRES DE LA FRANCE ET DE L'ÉTRANGER.

1859

INTRODUCTION.

Les marchés aux fleurs, ces immenses bazars où deux fois par semaine les laborieux horticulteurs viennent offrir à l'habitant des villes des végétaux auxquels ils ont prodigué tous leurs soins, sont garnis de plantes en fleurs à toutes les époques de l'année. Chaque mois, chaque semaine apporte son tribut, et depuis les progrès de l'horticulture, depuis que cette féconde industrie s'est enrichie, soit par l'intelligence des jardiniers, soit par le courageux dévouement des botanistes voyageurs, de variétés ou d'espèces nombreuses de plantes ornementales, il serait presque impossible d'en faire le dénombrement.

Il n'y a guère plus de vingt-cinq ans que les marchés aux fleurs sont devenus si riches en végétaux d'ornement ; avant cette époque, quelques centaines de plantes, toujours les mêmes, venaient régulièrement prendre place sur l'unique marché que nous eussions, et le commerce se ressentait de cette pauvreté. Il semblait que les rares propriétaires des grands établissements d'horticulture craignissent de ternir leur réputation en envoyant au marché les végétaux précieux réservés aux amateurs d'élite. Tout est bien changé : il n'est plus de plantes, quelque rares qu'elles soient, qui ne viennent figurer sur les marchés aux fleurs, et chaque année voit quelques plantes nouvelles venir grossir la liste des végétaux offerts à l'insatiable avidité de l'amateur. Le matin, bien avant le jour, le marché aux fleurs est une sorte de bourse où les horticulteurs font entre eux des transactions commerciales dont l'importance est ignorée, et quand l'habitant de Paris, sortant des bras du sommeil, croit arriver un des premiers au marché, déjà beaucoup de plantes ont disparu. Mais alors commencent des affaires d'un autre ordre, et un commerce non moins actif, non moins animé, qui se prolonge jusqu'au déclin du jour.

Les marchés aux fleurs sont le rendez-vous des personnes de tout âge et de toute condition; depuis la grande dame au brillant équipage jusqu'à la modeste ouvrière, tous les rangs de la société y sont représentés et y viennent apporter leur tribut; car tous aiment les fleurs; et depuis le balcon aux élégante découpures, depuis le vaste et riche salon que le soleil n'éclaire qu'à travers des rideaux de soie, jusqu'à l'humble appui de la fenêtre de la mansarde, tout cela semblerait triste et nu si quelque fleur ne venait l'embellir par l'éclat de ses couleurs ou l'embaumer de son parfum.

Tout, hélas! n'est pas roses dans ces joiès innocentes! Les fleurs, si fraîches au moment où elles passent des mains de l'horticulteur, dans celles de l'acheteur, ne tardent pas à perdre leur éclat, et, quelques jours plus tard, la pauvre plante n'est plus qu'un cadavre décoloré. De là les suppositions les plus étranges, les plus injustes, tant le malheur rend sourd à la voix de la raison ! On accuse le jardinier de mettre au fond de chaque vase de la chaux pour en brûler les racines, et obliger ainsi l'amateur à faire de nouvelles emplettes. On ignore que cette terrible chaux n'est autre que des débris de poteries ou des platras dont l'objet est le *drainage* de la terre que renferme le vase. On appelle ainsi, d'après l'anglais (l'expression française *égoutter* n'étant pas en usage), une opération qui a pour but de permettre l'écoulement de l'excès d'humidité dont regorge la terre, ce qui fait pourrir les racines et conduit la plante à la mort, aussi bien que le ferait la sécheresse.

Dans le désir de remédier à cet accident, les acheteurs qui croient que les pots qu'ils viennent d'apporter recèlent de la chaux s'empressent de dépoter des plantes en pleine végétation et en changent même la terre ; d'autres, plus soigneux encore, mettent les racines à nu, et sont étonnés de voir leurs plantes se flétrir et perdre à la fois leurs fleurs avec la vie. Ils ne s'accusent pas de leur mort, mais ils en rendent responsable l'horticulteur, dont la chaux avait déjà, disent-ils, brûlé les racines du végétal, qu'ils sont arrivés trop tard pour sauver.

Nous expliquerons d'une manière plus naturelle les causes de cet accident, souvent inévitable. On voit périr des végétaux, même rustiques, quand on les achète à une époque où, fleurissant à contre-saison ou même prématurément, ils sortaient de serres maintenues à une température élevée ou de dessous des châssis qui en activaient la végétation. Là ils étaient entourés de tous les agents les plus favorables à la végétation : chaleur, lumière, humidité, abris contre les influences extérieures, telles étaient les conditions qui les maintenaient dans un état de santé satisfaisant. Une fois sortis des mains de l'horticulteur, ils passent au grand air, dont l'activité dévorante les tue, et ils reçoivent, au lieu de soins bien entendus, des arrosements immodérés, ou bien ils souffrent d'une sécheresse qui prive les racines de toute nourriture. Dans ces conditions nouvelles, tout ce qui les environne concourt à leur souffrance, et la mort vient mettre le terme à cette lente agonie.

D'autres fois, les plantes soumises à ces influences pernicieuses avaient passé leur vie dans des pots enfoncés dans le sol, ce qui les défendait contre les causes extérieures de destruction et leur permettait de jouir d'une protection bienfaisante; il leur arrive, comme aux premières, d'être soumises à toutes sortes de chances défavorables, et, quand elles périssent, l'horticulteur est accusé de supercherie et de mauvaise foi.

Certaines plantes, fraîchement empotées, exigeraient un traitement spécial, tel que des abris, des arrosements modérés, pour accomplir toute leur végétation, et l'absence de ces soins bien compris les tue.

Voilà les causes principales de la mort de tant de végétaux qui eussent vécu pour la satisfaction de leurs possesseurs, si ces derniers eussent bien compris quels sont les soins dont il fallait les entourer pour qu'ils vécussent.

Depuis que les habitants des villes achètent des fleurs, les mêmes plaintes se sont fait entendre sous les mêmes formes, sans que personne se soit élevé contre ces préjugés et ait eu la franchise de leur dire qu'eux seuls sont les bourreaux de leurs fleurs, qu'eux seuls les tuent, faute de savoir leur donner les soins qu'elles réclament. C'est pour répandre parmi les amateurs la connaissance du traitement propre à chaque sorte de plante dans les différentes conditions où ils les placent, suivant la saison et la nature de chacune d'elles, que nous avons écrit ce petit livre, véritable *vade-mecum* des visiteurs assidus de nos marchés aux fleurs. Nous leur donnerons tous les conseils qui peuvent empêcher les déceptions dont ils souffrent trop souvent par leur faute; nous leur dirons ce qu'ils doivent faire chaque mois pour conserver leurs végétaux d'ornement, quels sont ceux qui apparaissent à chaque époque sur nos marchés, et nous terminerons par une liste alphabétique des plantes dont nous n'avons donné que le nom dans nos tableaux, en y joignant une courte description pour les aider à les reconnaître.

On ne doit pas s'attendre à trouver de science dans ce livre, que nous écrivons dans la langue de tout le monde; seulement nous dirons que les amateurs peuvent faire, aux marchés aux fleurs, un petit cours de botanique ornementale, tant est grand le nombre des végétaux qui y apparaissent et qui représentent les groupes principaux des grandes familles naturelles.

DE LA

CULTURE DES FLEURS

DANS LES APPARTEMENTS, SUR LES FENÊTRES

ET DANS

LES PETITS JARDINS.

CHAPITRE PREMIER.

DES DIVERSES OPÉRATIONS DE CULTURE.

§ 1. LABOURS.

Nous ne sortirons pas de notre plan en donnant quelques conseils aux personnes qui ont un tout petit jardin, une bande de terre dans une cour, le long d'un mur, ou une petite avant-cour avec quelques mètres carrés de terre à mettre en culture.

C'est à elles que nous adressons les conseils suivants, les caisses, jardinières, vases, etc., n'exigeant que de simples binages ou un renouvellement complet du sol quand il est épuisé. Dans les jardins, les labours se font à la bêche, pendant l'hiver et toutes les fois qu'on veut faire succéder une culture à une autre. Avant de commencer cette opération, on enlève de la terre de manière à former une jauge d'un fer de bêche de profondeur (25 à 30 centimètres), et on la dépose au bout où l'on doit terminer, de manière à avoir de quoi remplir le vide de la dernière jauge.

On laboure à reculons, en prenant la terre par bêchée que l'on replace sur l'autre bord de la jauge, en la retournant chaque fois, de manière que celle du fond se trouve en dessus. Pour les labours d'hiver on met du fumier dans chaque jauge, en ayant soin de ne pas l'enterrer trop profondément, afin qu'il se trouve à la portée des racines. On brise soigneusement les mottes de terre avec la bêche; puis on jette de côté les pierres que l'on rencontre.

§ 2. DES SEMIS.

Dans les caisses qui garnissent les fenêtres et les terrasses, les semis se bornent à quelques pincées de graines qu'on répand uniformément sur le sol, ou dans un petit sillon quand on veut obtenir des végétaux en lignes, comme les Volubilis, les Pois de senteur, les Capucines, etc., qui sont destinés à grimper le long d'un treillage. D'autres fois on se borne à faire un petit trou avec un plantoir, ou même le doigt, et à y déposer une ou plusieurs graines, suivant leur grosseur.

Quelquefois on sème, dans un coin de la caisse ou dans une caisse séparée, des plantes qu'on repiquera dans d'autres caisses, ce qui s'appelle semer en pépinière.

On peut, pour le reste de l'opération, se conformer aux prescriptions qui suivent et qui se rapportent aux plates-bandes ayant au moins un mètre de largeur.

Les semis se font à la volée, en lignes ou rayons, et en pochets.

Semis à la volée. La terre étant préparée comme il a été dit plus haut, on prend une poignée de graines, et on la répand sur le sol en la laissant passer entre les doigts par un mouvement d'arrière en avant. Lorsque les graines sont bonnes, il ne faut pas semer trop épais, afin d'avoir des plants vigoureux, et si, malgré cette précaution, ils étaient trop drus, il faudrait les éclaircir à la main. Comme il est extrêmement difficile de ne pas semer trop épais les graines fines, on peut, pour éviter cet inconvénient, les mêler avec du sable ou de la terre bien sèche. Après le semis on herse le terrain légèrement, on le foule de manière à mettre les graines en contact avec la terre, ce qu'il ne faudrait cependant pas faire immédiatement si le terrain était humide. Pour recouvrir les graines on étend dessus une légère couche de terreau ; puis, si le temps est sec, on a soin d'en favoriser la germination par des bassinages donnés avec l'arrosoir à pomme.

Semis en lignes ou *en rayons*. On trace, avec la binette, des rayons d'environ 3 ou 5 cent. de profondeur, plus ou moins éloignés les uns des autres suivant ce que l'on veut semer ; après avoir répandu la graine, on la recouvre légèrement en rabattant avec le dos du râteau un peu de la terre des côtés. Lorsque le plant est sorti de terre, on finit de remplir les rayons en passant le râteau ou la binette entre chaque rang. Ce mode de semis est très-avantageux, surtout dans les terrains où les binages doivent être fréquents.

Semis en pochets. Il consiste à faire avec la binette des trous disposés en échiquier, et dont la distance et la profondeur seront calculées d'après le développement que doit prendre chaque touffe. Puis, après avoir placé quelques graines dans chaque trou, on les recouvre en rabattant un peu la terre, et, lorsque les plantes sont assez levées, on finit de remplir les trous en passant un coup de râteau entre chaque touffe.

Toutes les plantes annuelles peuvent être semées en pots ou en caisses sur les fenêtres, balcons ou terrasses; mais il en est quelques-unes, telles que les Amaranthes, Balsamines, Cobea, Seneçons, Zinnia, Petunia, Verveines, Giroflées quarantaines, qui exigent une douce température pour germer et se cultivent sur couche pendant la première semaine de leur vie. Pour suppléer à l'absence de couche, on peut employer l'appareil figuré ci-dessous, qui permet de semer chez soi, dans ses appartements mêmes, les graines trop délicates pour supporter la pleine terre.

Il se compose d'un vase hémisphérique, porté sur un piédestal, au sommet duquel on place une lampe destinée à chauffer la terre que contient le vase, et où sont plongés de petits pots destinés aux semis et aux boutures, le tout recouvert d'une cloche pour concentrer la chaleur.

Cet appareil, qui se trouve chez M. Follet,

Fig. 1.

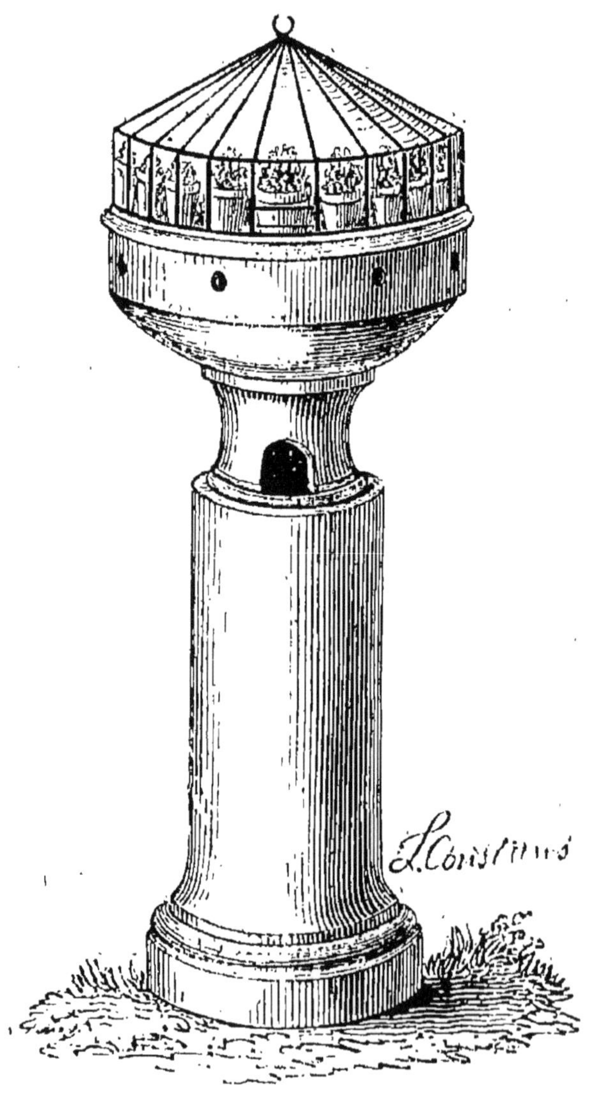

fabricant de poteries, rue des Charbonniers-

Saint-Marcel, est d'un usage aussi agréable que facile.

§ 3. REPIQUAGE.

Il n'y a pas de différence entre le repiquage qui se fait dans les caisses et celui d'une plate-bande. Un petit morceau de bois pointu sert de plantoir ; on fait en terre un trou proportionné à la force de la plante qu'on repique, et, quand on l'a déposée dans ce trou, on foule la terre autour des racines et l'on donne un arrosement léger pour en assurer la reprise, en ayant soin d'ombrager la jeune plante.

Dans les petits jardins, le repiquage ne doit se faire que dans une terre bien préparée, et sur laquelle on aura étendu un paillis de fumier court, pour que, d'une part, le plant profite plus longtemps des arrosements, et que, d'un autre côté, les arrosements ne collent pas le plant sur la terre, ce qui occasionne souvent la pourriture des feuilles. Les repiquages qui ont lieu en été doivent, autant que possible, être faits par un temps couvert, et, s'il ne venait pas de temps favorable, il faudrait faire le repiquage vers la fin de la journée et faciliter la reprise par des arrosements. Quand on a beaucoup de plantes à repiquer et que le temps est très-sec, il ne faut pas attendre qu'on ait terminé pour commencer à arroser.

§ 4. DES SARCLAGES ET DES BINAGES.

On sarcle et l'on bine aussi bien la terre des caisses que le sol d'un jardin. Ce paragraphe s'applique donc à ces deux circonstances, et les principes en sont les mêmes.

Le *sarclage* consiste à faire disparaître du sol les plantes et les mauvaises herbes étrangères à la culture. Cette opération se fait à la main et exige une certaine pratique, afin de distinguer au premier coup d'œil les plantes qu'il faut enlever de celles qui doivent être conservées. On conçoit que ce travail doit offrir beaucoup de difficultés lorsque la terre est sèche; c'est pourquoi, dans ce cas, il faut avoir soin de bassiner le terrain une heure au moins avant de commencer cette opération.

Le *binage* est une opération non moins nécessaire aux plantes que le sarclage; elle a lieu à l'aide de la binette, et, suivant le besoin, avec la lame ou avec les dents.

Le binage a pour but de diviser la surface

du sol, afin de rendre la terre perméable aux influences atmosphériques et aux arrosements. Dans quelques circonstances (par exemple pour les plantes repiquées), le binage peut remplacer le sarclage, et quelquefois alors on peut, au lieu de la binette, employer la ratissoire.

§ 5. DES ARROSEMENTS.

Il est impossible de déterminer d'une manière rigoureuse les circonstances dans lesquelles doivent avoir lieu les arrosements ; mais on peut dire en thèse générale qu'il faut les proportionner aux progrès de la végétation, c'est-à-dire qu'une plante en fleurs exige d'être arrosée beaucoup plus fréquemment que celle qui ne fait que commencer à végéter. Enfin il faut les modérer ou les augmenter suivant la température, de manière que la terre soit toujours fraîche sans être humide.

Au printemps, tant que les gelées tardives sont à craindre, on arrose dans la matinée ;

En été, toute la journée, et particulièrement le soir, afin que les plantes en profitent pendant la nuit ; puis, en automne, époque où les nuits sont ordinairement fraîches, on arrose le matin.

Si l'on emploie de l'eau de puits pour arroser, il faut, autant que possible, la tirer d'avance, ce qui permet au sédiment calcaire qu'elle contient de se déposer. Il ne faudrait pas s'effrayer si elle éprouvait un commencement de corruption lorsqu'on l'emploie; elle n'en vaudrait que mieux. On peut encore augmenter la vigueur des plantes en faisant des arrosements avec de l'eau dans laquelle on aura fait décomposer des substances animales ou végétales.

Indépendamment des arrosements donnés au pied de la plante, il faut, pendant l'été, les bassiner après le coucher du soleil; car il ne suffit pas de mouiller les racines, il faut encore procurer aux feuilles l'humidité qu'elles ne trouvent plus dans l'atmosphère, surtout au milieu des villes, où les murs reflètent de tous côtés une chaleur brûlante qui contribue à altérer la santé des plantes et les fait souvent périr.

§ 6. EMPOTAGES.

Cette opération, qui s'applique aux plantes

de toutes sortes et dans toutes les conditions, consiste à planter en pots des plantes toutes venues ou bien à mettre plus grandement celles qu'on y cultive déjà.

Avant de planter, on prépare des pots proportionnés à la vigueur des plantes, on place un tesson sur le trou du fond, puis on les emplit de terre à moitié ou aux trois quarts, suivant la grosseur de la motte. On place la plante au milieu et on achève de remplir le pot, en ayant soin de fouler légèrement la terre.

Pour les plantes qu'on veut mettre plus grandement, il faut les dépoter avec précaution en plaçant la main gauche sur la surface de la terre, de manière que la tige passe entre les doigts; puis on renverse la plante la tête en bas, et, en soutenant le pot de la main droite, l'on en frappe légèrement le bord sur un point d'appui. Une fois la motte sortie du pot, on la visite. S'il arrive, ce qui a souvent lieu, que le chevelu qui tapisse la motte soit formé d'un tissu de racines desséchées, on le coupe bien net; puis, en grattant légèrement, l'on fait tomber une plus ou moins forte partie de vieille terre, selon qu'elle sera plus ou moins décomposée; ensuite on supprime les racines rompues ou pourries. Après avoir ainsi préparé la motte, s'il arrivait qu'elle fût très-sèche, on la plongerait dans l'eau jusqu'à ce qu'elle soit bien imbibée. Après l'avoir fait égoutter, on la place dans le pot qu'on lui destine, et qui doit toujours être proportionné au volume des racines et à la vigueur de la plante, ce qui cependant ne doit avoir lieu qu'après avoir placé un tesson ou un lit de gravier au fond du pot, afin de faciliter l'écoulement de l'eau des arrosements. Ensuite on met un lit de terre dont l'épaisseur doit être calculée de telle sorte que la surface de la motte se trouve de 15 à 20 millimètres au-dessous des bords du pot; puis on coule de la terre entre la motte et les parois du pot, en ayant soin de maintenir la tige de la plante juste au milieu. Afin qu'il n'existe aucun vide, on foule la terre avec une spatule, on frappe légèrement le fond du pot sur le sol; puis on achève de le remplir avec de la terre qu'on tasse cette fois avec les pouces, en ayant soin de laisser la surface de la terre d'environ 1 centimètre plus basse que les bords du pot, afin de recevoir l'eau des arrosements.

Ce que nous venons de dire relativement au

rempotage est en tout point applicable aux plantes cultivées en caisses.

Composition de la terre qu'il faut donner aux plantes ci-après désignées.

Orangers. Un quart terre franche, un quart bonne terre de potager, un quart de terre de bruyère et un quart de terreau gras.

Myrtes. Terre de bruyère pure.

Grenadiers et *Lauriers roses.* Bonne terre de potager mêlée de terreau gras.

Geranium. Un tiers de terre de bruyère, un tiers de terre franche, un tiers de terreau de feuilles, ou, à défaut, de fumier, et un peu de poudrette bien tamisée.

Calcéolaires. Terre de bruyère mêlée de terreau de feuilles.

Verveines. Terre de bruyère mêlée d'une partie de bonne terre de potager.

Cinéraires. Terre de bruyère pure.

Camellia. Terre de bruyère pure.

Hortensia. Terre de bruyère pure.

Plantes grasses. Terre franche mêlée de terre de bruyère.

§ 7. DES PRINCIPES GÉNÉRAUX DE LA TAILLE.

La taille des arbres exige des connaissances théoriques et pratiques que le cadre de cet ouvrage ne nous permet pas de développer ici. Nous dirons seulement que cette opération a pour but de distribuer la séve également dans toutes les parties de l'arbre et de lui donner une forme agréable.

Pour arriver à ce résultat, il faut toujours avoir égard à la vigueur des arbres, et, règle générale, moins un arbre pousse vigoureusement, plus il faut le tailler court.

On commence ordinairement à tailler vers la fin de janvier et jusqu'en mars.

Cependant les Lilas doivent être taillés aussitôt après qu'ils sont défleuris; les Geranium, fin d'août et commencement de septembre; les Orangers, en septembre, et les Grenadiers, quelque temps seulement avant de les rentrer dans la serre.

On doit toujours, en taillant, faire une coupe bien nette, un peu oblique, opposée à l'œil sur lequel on taille, et à environ 3 centimètres au-dessus, afin que la séve puisse facilement recouvrir la plaie.

Indépendamment de la taille, il faut, pendant tout le temps de la végétation, surveiller avec soin le développement des rameaux, supprimer ceux qui sont mal placés, qu'il faudrait enlever à la taille, puis pincer l'extrémité de ceux qui se développent trop vigoureusement, afin de rétablir l'équilibre de la séve.

La connaissance des principes que nous venons de faire connaître suffira pour qu'on puisse tailler soi-même les arbres et arbustes qu'on cultive ordinairement sur les terrasses et dans les petits jardins.

CHAPITRE II.

DES ENGRAIS.

Les engrais sont des substances animales ou végétales qui, mêlées à la terre, la rendent plus fertile.

Dans les caisses et dans les petits jardins, il ne faut employer que des engrais consommés, dont les végétaux puissent profiter immédiatement. Le terreau gras, c'est-à-dire celui qui provient des vieilles couches et qui n'a pas encore servi, est un excellent engrais; on en trouve chez tous les jardiniers-maraîchers qui font des couches.

Chaque année on doit, avant de semer ou planter, étendre un lit de terreau gras sur toute la surface du sol.

La quantité d'engrais à répandre doit être plus ou moins grande suivant que le sol est plus ou moins épuisé; mais, quelle qu'en soit la quantité, il faut le répandre également, et avoir soin en labourant de ne pas l'enterrer trop profondément ; enfin, après avoir labouré, on herse le terrain de manière à diviser la terre et à mélanger l'engrais. A défaut de terreau on peut employer toute espèce de fumier, pourvu qu'il soit assez consommé pour qu'on puisse le couper à la bêche. On peut encore employer comme engrais, mais avec précaution et en très-petite quantité, en raison de leur nature brûlante, la colombine ou fiente de pigeon à l'état pulvérulent, la poudrette, le guano et le noir animal.

L'engrais qu'on met dans la terre ne dispense en aucune circonstance de recouvrir les semis avec un peu de terreau, comme nous l'avons indiqué à l'article *Semis*, de même qu'il ne faut pas négliger pendant l'été de couvrir la terre de paillis ou fumier court, ce qui empêche le sol de se fendre, conserve la fraîcheur des arrosements et finit par suite par améliorer le terrain.

CHAPITRE III.

§ 1. DES BALCONS, DES TERRASSES ET DES FENÊTRES.

A l'aide de quelques dispositions que nous allons indiquer, on peut cultiver des plantes sur les fenêtres, sur un balcon ou sur une terrasse.

Lorsqu'on n'a pas de jardin et qu'on veut se procurer la jouissance de voir fleurir sous ses yeux des végétaux cultivés par ses mains, il faut faire établir des caisses en chêne assez longues pour garnir la place dont on peut disposer. En toutes circonstances ces caisses doivent avoir environ 33 centimètres de profondeur, sur une largeur qui ne doit pas être moindre de 25 centimètres. Le fond ne doit pas être hermétiquement clos ; il faut au contraire faire pratiquer des trous de loin en loin, afin d'empêcher l'eau de séjourner. Avant de les remplir de terre, on met au fond quelques tessons de poterie, un lit de petit plâtras ou bien une couche de sable, pour faciliter l'écoulement de l'eau des arrosements.

On prend ensuite de la bonne terre de potager mélangée d'un tiers ou d'un quart de terreau bien consommé, suivant que la terre est plus ou moins légère (le terreau pur qu'on trouve sur les marchés ne doit pas être employé seul ; il est trop léger et se décompose trop vite).

On la foule légèrement en la mettant dans la caisse, de manière qu'elle subisse le moins de tassement possible et pour faciliter l'absorption de l'eau des arrosements. La hauteur de la terre doit être calculée de telle sorte que la surface du terrain soit de quelques centimètres plus bas que les bords de la caisse. Enfin, après avoir semé ou planté, on couvre la terre d'un lit de fumier court à moitié consommé, toujours préférable au crottin de cheval, qui produit une grande quantité de mauvaises herbes, ou bien on étend une couche de mousse, pour conserver l'humidité du sol et l'empêcher de durcir.

Après avoir tout disposé pour recevoir les plantes, il reste à prendre les mesures nécessaires pour les abriter contre les rayons brûlants du soleil. Pour cela on peut, suivant la position, établir une charpente légère destinée à recevoir une tente de toile qu'on baisse pendant le moment le plus chaud de la journée, un berceau en treillage qu'on garnit avec des plantes grimpantes, ou tout simplement des fils de fer qu'on tend du bas en haut des fenêtres, et le long desquels on fait monter des Cobea, des Capucines, des Haricots d'Espagne, des Pois de senteur, des Volubilis, des Courges, des Clématites, des Chèvrefeuilles, des Jasmins blancs, des Rosiers et des Lierres, qui servent à la fois d'ornement et d'abris.

Lorsqu'on dispose d'une terrasse dans l'intérieur d'une ville, on peut ajouter aux fleurs et aux arbustes d'agrément qu'on y cultive quelques arbres fruitiers, spécialement des Cerisiers nains, des Pommiers nains, greffés sur des sujets connus sous le nom de *Paradis*, des ceps de Vigne, des Groseilliers et des Fraisiers.

Les conditions essentielles de succès dans cette culture, c'est de n'admettre sur la terrasse que des arbres fruitiers préparés par une année entière de culture dans des caisses ou dans des pots proportionnés à la vigueur des arbres et au développement des racines.

Il est toujours utile, en raison du volume

relativement peu considérable de terre mise à la disposition des racines de ces arbres, d'en augmenter la fertilité par des arrosages d'eau mêlée de jus de fumier ou de guano délayé.

§ 2. DES APPARTEMENTS

La manière dont on dispose les plantes dans les appartements nuit le plus souvent à leur conservation; car, sans se préoccuper des suites de cette opération, on commence par enlever les plantes des pots, avec plus ou moins de précaution, pour les placer dans une jardinière de grandeur à contenir le plus souvent cinq plantes, et dans laquelle on trouve moyen d'en faire entrer le double, afin de former un groupe gracieux. Pour achever de les perdre, on place la jardinière dans l'endroit de l'appartement où elle produit le meilleur effet, souvent très-loin du jour, et l'on ne pense à donner de l'eau aux plantes que lorsqu'elles sont fanées ou sur le point de se flétrir; quelquefois, au contraire, on leur en donne trop, et il en résulte qu'elles meurent peu de temps après qu'on les a achetées, par suite de ces mauvais traitements.

Pour conserver les plantes dans les appartements, il faut avant tout les laisser dans leurs pots, ce qui n'empêche pas de les placer dans une jardinière, dans des vases ou sur une étagère, et de les disposer suivant leur taille et la couleur de leurs fleurs, mais toujours de manière qu'elles reçoivent le plus de lumière possible, c'est-à-dire devant les fenêtres. En hiver, lorsqu'il gèle, on les retire pendant la nuit au milieu de l'appartement, afin qu'elles ne puissent pas être atteintes par le froid.

En été, on les rentre également dans l'appartement pour les soustraire aux rayons brûlants du soleil; enfin on renouvelle l'air le plus souvent possible, on arrose de manière que la terre soit toujours fraîche sans être humide, et, au moyen de légers bassinages, on enlève la poussière qui s'attache aux feuilles. En observant avec soin ces prescriptions, on conservera les plantes aussi longtemps qu'il est possible de le faire dans un endroit habité.

Indépendamment des plantes en fleurs, on peut prendre, pour garnir les appartements, des Myrtes à petites feuilles, des Myrsine Africana, des Ficus elastica, des Phormium tenax, des Dracæna australis, rubra et congesta, des Chamærops humilis ou Palmiers nains, des Begonia, des Lycopodium denticulatum et apodum. Ces plantes s'accommodent très-bien de l'atmosphère étouffée des appartements, et le vert foncé de leur feuillage fait ressortir très-avantageusement l'éclat des plantes en fleurs.

Fig. 2 (1).

Semblables à de belles touffes de mousse,

(1) Les objets de jardinage figurés dans cet ouvrage ont été copiés dans les ateliers de M. Tronchon, avenue de Saint-Cloud, chez lequel on trouve tout ce qui peut servir à l'ornementation des jardins.

les Lycopodes, placés sur un meuble et convenablement arrosés, peuvent se conserver très-longtemps dans les appartements.

Quelques fleurs coupées, piquées au milieu d'une touffe de Lycopode, ajoutent encore à la beauté de cette plante, digne, sous tous les rapports, de prendre place dans les appartements les plus somptueusement décorés.

On peut aussi, pendant l'hiver, placer dans les appartements des caisses longues et étroites, semblables à celle figurée ci-dessus, dans lesquelles on plante des Lierres, qu'on palisse sur un treillage fixé sur l'un des côtés de la caisse. En donnant à ce treillage une figure ornementale, on peut avoir des arcs gothiques en verdure qui produisent un charmant effet et n'exigent d'autres soins que des bassinages pour enlever la poussière qui s'attache aux feuilles.

En Allemagne, ces treilles sont pendant l'hiver l'ornement d'un grand nombre d'appartements. Quelques personnes remplacent le Lierre par une plante tout aussi rustique, que l'on cultive sous le nom de Delairea odorata.

Parmi les plantes grimpantes de serre tempérée, plusieurs peuvent être cultivées dans les appartements.

On fabrique, pour les diriger, des treillages en fil de fer galvanisé, dont la forme est soumise au goût du constructeur.

Les figures 3 et 4 peuvent donner une idée de l'effet qu'ils produisent lorsqu'ils sont garnis de plantes en fleurs.

Fig. 3. Fig. 4.

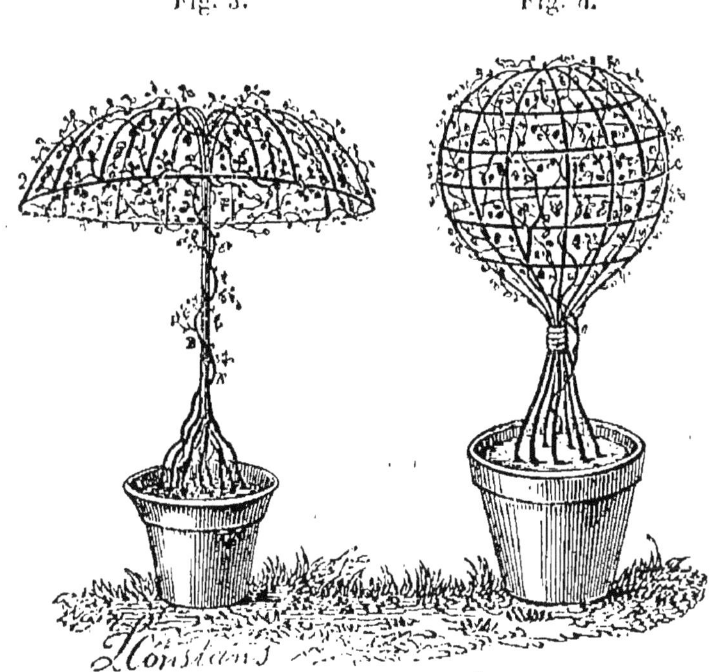

En Belgique, les Capucines tricolores et pentaphyllum sont de la part d'un grand nombre d'amateurs l'objet d'une préférence toute particulière pour garnir ces treillages.

Rien n'est plus gracieux en effet que ces charmantes miniatures dont la végétation est tellement puissante qu'une seule de ces plantes peut facilement garnir un des appareils figurés ci-dessus.

Comme les tiges de ces Capucines sont annuelles, on peut, lorsqu'elles sont sèches, relever les tubercules et les remplacer par des Thunbergia, des Loasa, des Maurandia, des Calistegia ou des Ipomæa.

Fig. 5.

La figure 5 représente une petite étagère à Cactus.

Cette étagère figure très-bien un parterre en miniature exclusivement garni de plantes grasses; elle tient peu de place et produit un charmant effet dans un salon.

Les espèces et variétés naines d'Aloès, de Cactus echinocactus, mamillaria et opuntia, d'Echeveria, d'Euphorbes, de Ficoïdes (*Mesembrianthemum*), de Sedum, de Sempervivum, de Stapelia, de Crassula, cultivées dans de très-petits pots, semblent créées tout exprès pour figurer sur de petites étagères dans les appartements.

Fig. 6. Fig. 7.

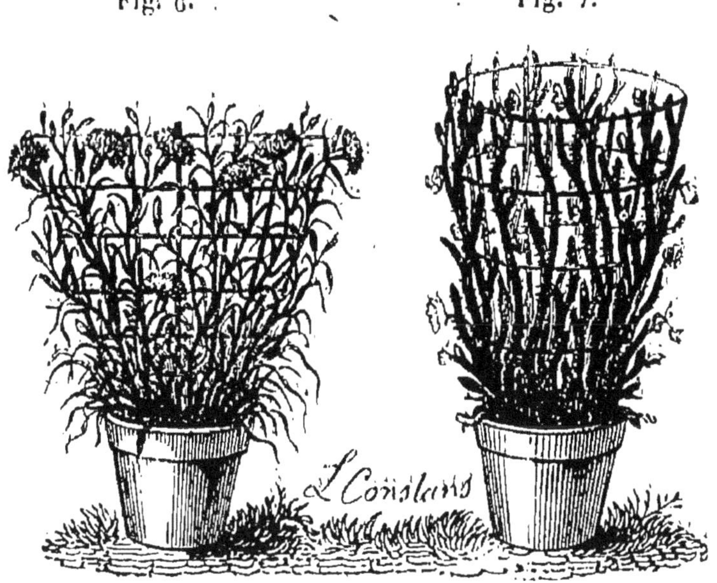

Rien n'égale la rusticité de ces plantes, qui

n'ont que très-peu de racines et puisent leur principale nourriture dans l'atmosphère ; il ne faut les arroser qu'avec beaucoup de modération, surtout pendant l'hiver.

La figure 6 représente un treillage en bois que l'on emploie particulièrement pour palisser les Œillets, et la figure 7 un Cactus flagelliformis dirigé sur un treillage fait avec des baguettes de Noisetier ou de Châtaignier.

§ 3. FENÊTRES A DOUBLE CHASSIS.

Dans les villes du Nord, le plus grand nombre des maisons est garni de fenêtres à double châssis. Ce moyen, peu dispendieux, permet d'avoir des plantes en fleurs pendant tout l'hiver.

On fait établir entre les châssis, et de manière à garnir l'embrasure de la fenêtre, une caisse qu'on remplit de bonne terre.

Pour garnir la paroi intérieure des murs on plante des végétaux grimpants, le plus souvent des Lierres, dont le feuillage toujours vert produit un effet très-agréable; puis on suspend au plafond une ou deux lampes en terre cuite, dans lesquelles on met quelques-unes des plantes dont on trouvera la liste à l'article *vases à suspension*. On peut garnir ces caisses avec les plantes en fleurs de la saison, ou bien planter des Jacinthes, des Crocus de Hollande et des Tulipes hâtives.

Pendant l'hiver on ouvre la nuit le châssis intérieur, et la chaleur de l'appartement suffit ordinairement pour garantir de l'influence de la mauvaise saison les plantes qu'on y élève; toutefois, il faut avoir soin, pendant les gelées, que les plantes ne touchent pas aux vitraux extérieurs, qui se couvrent de glace et peuvent par leur contact faire périr les jeunes rameaux ou les plantes délicates qui redoutent le froid.

§ 4. FENÊTRES-SERRES.

En Allemagne, en Suisse et en Belgique, où la culture des plantes dans les appartements est mieux comprise qu'en France, il existe, dans un grand nombre de maisons, des fenêtres-serres semblables à la figure 8, copiée dans les Annales de la Société d'Agriculture de Gand.

Cet appareil n'est autre chose qu'un châssis plus ou moins coquettement construit, qui occupe, comme on le voit, les deux tiers de la hauteur des fenêtres d'un appartement.

Les plantes, rangées sur des tablettes transversales par ordre de grandeur, peuvent être vues du dehors ainsi que de l'intérieur des

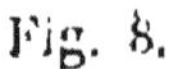

Fig. 8.

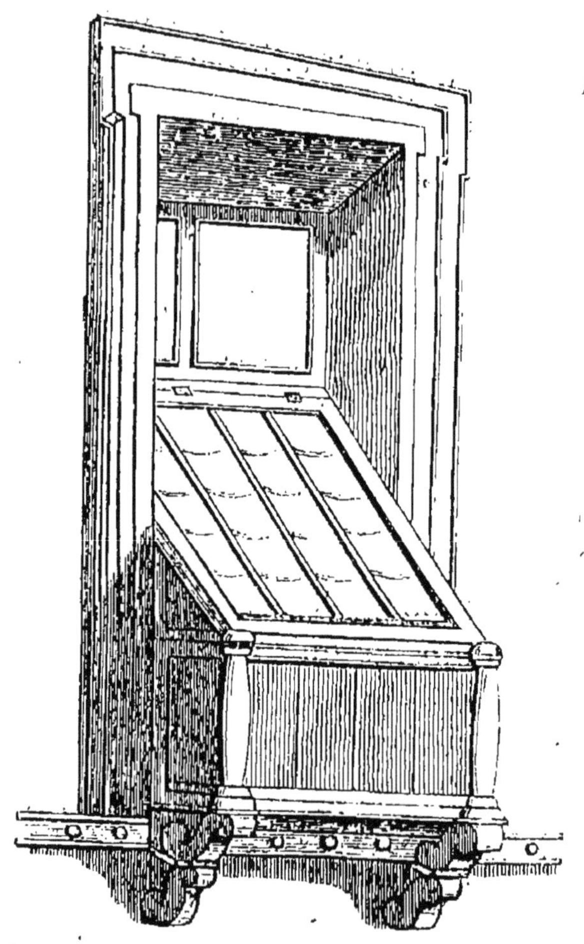

appartements, et rien n'est plus gracieux que cette sorte de construction.

Pour donner de l'air aux plantes, on soulève

plus ou moins le panneau vitré au moyen d'une crémaillère fixée sur la traverse du bas.

Les végétaux qu'on y élève et ceux qui réussissent le mieux sont les Bruyères du Cap (*Phylica ericoides*), Cyclamen, Daphnés, Erica, Epacris, Primevères de la Chine, et tous les Oignons à fleurs.

La disposition du logement, soit au rez-de-chaussée, soit de plain-pied avec une terrasse, permet assez souvent d'y faire construire une petite serre qui devient alors une des dépendances les plus agréables de l'appartement.

Dans une serre de ce genre on cultive avec succès, et sans aucune difficulté, des Rhododendrum arboreum, des Camellia, des Mimosa, des Azalea, des Epacris, des Erica, et une foule d'autres plantes du même genre, appartenant à la serre froide.

Le long des murs on peut faire grimper de jolies plantes d'ornement, spécialement des Bignonia capreolata, pandorea et jasminoides ; des Kennedya bimaculata, cordata et latifolia, plusieurs espèces de Clématites et quelques Passiflores.

§ 5. VASES.

Les personnes qui, tout en n'ayant pas de

jardin, habitent cependant une maison ornée d'un perron ou d'une grille dont les pilastres ont été disposés pour recevoir des vases de terre ou de métal de forme coquette, que le goût éclairé de nos potiers et de nos fondeurs varie de la manière la plus capricieuse, sont le plus souvent privées de cette gracieuse décoration, faute de savoir les garnir de végétaux qui récréent la vue en toute saison.

Nous avouons que le nombre en est assez limité, à cause de la position défavorable de ces vases, qui sont exposés à toutes les alternatives de chaud, de froid, de sécheresse, d'humidité, avec leur maximum d'intensité destructive, ce qui doit faire préférer les vases de terre, moins susceptibles de souffrir de ces influences ; mais encore en existe-t-il qui peuvent parfaitement remplir ce but.

Nous conseillerons pendant l'été des Geranium rouges mêlés à des Petunia blancs ou violets, qui produisent jusqu'au milieu de l'automne l'effet le plus magique, des Agaves d'Amérique, des Yucca, des Aloès et des Iris d'Allemagne.

Pendant l'hiver, des petits Thuya, Epicea, Sapinettes, Cèdres de Virginie et des Iris d'Allemagne.

§ 6. VASES A SUSPENSION.

Fig. 9.

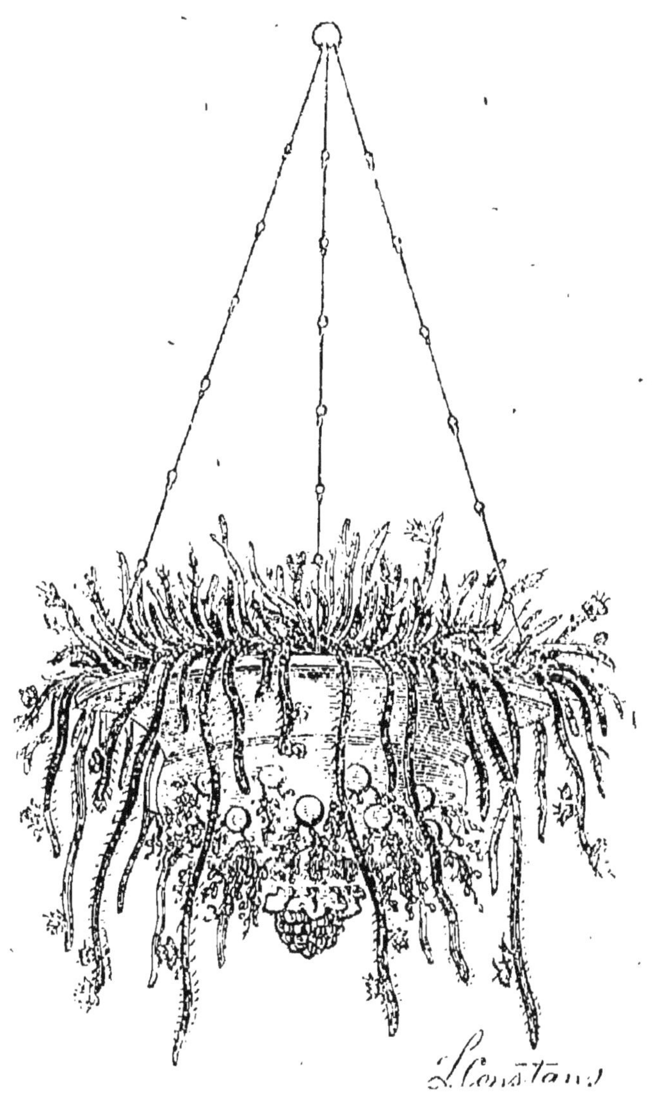

Depuis quelques années le goût des vases à

suspension s'est répandu partout, et l'on trouverait difficilement une décoration plus gracieuse.

C'est surtout aux vestibules vastes et aérés et aux salles à manger qu'ils conviennent. Leurs formes, qui comportent les plus riches dessins, peuvent s'harmoniser avec le style architectural du lieu dans lequel on les place.

Ces vases sont ordinairement percés de trous dans lesquels on peut, en automne, placer des oignons de Jacinthes et des Crocus. Les feuilles et les fleurs se développent à l'extérieur et produisent un charmant effet.

On peut aussi cultiver dans ces vases des Achimènes, qui donneront des fleurs pendant tout l'été, des Cactus flagelliformis, Crassula lucida, Epiphyllum Akermanni, Ficoïdes (*Mesembrianthemum*), Sedum Sieboldii, Campanula fragilis, Geranium à feuilles de Lierre, Hibbertia à feuilles crénelées, Isolepis gracilis, Kennedya, Lobelia erinus, Lophospermum scandens, Linaria cymbalaria, Lysimachia nummularia, Maurandia Barclayana, Mimulus moschatus, Petunia hybrida, Russelia juncea, Saxifrage sarmenteuse, Torenia Asiatica, Verveine hybride. Pour remplacer la mousse avec laquelle on garnit ordinairement le dessus de ces vases et les parties à jour, on plante de petites touffes de Lycopodium denticulatum. Pendant l'été on peut encore cultiver dans ces vases quelques Bilbergia et des Tillandsia.

Sous le nom d'Orchidées on cultive dans les serres chaudes, en paniers suspendus et garnis de Lycopodes, un grand nombre de plantes plus belles les unes que les autres; mais, comme elles exigent toutes beaucoup de chaleur et d'humidité, il est malheureusement impossible de les cultiver dans les appartements.

§ 7. CORBEILLES ET JARDINIÈRES.

Nos treillageurs ont tiré un parti si ingénieux des sarments noueux de nos Vignes, qui simulent des supports agrestes, couronnés par des caisses ornées sur leurs bords de festons formés de bois souples et liants et d'écailles de cônes d'arbres verts, que cet ornement rustique a pris place dans les plus riches salons.

Quelques personnes donnent cependant la préférence aux jardinières en fer, dont les ornements sont généralement plus gracieux que ceux des jardinières en bois rustique.

Il faut aux plantes qu'elles renferment des soins assidus et des renouvellements fréquents, à cause de la situation dans laquelle on les place.

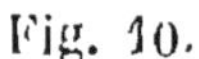

Fig. 10.

Les soins généraux sont : des arrosements modérés, destinés à maintenir le sol dans un léger état de moiteur, des bassinages qui délivrent les feuilles des végétaux de la poussière qui les couvre et en ternit l'éclat, et une couverture de mousse pour empêcher l'évaporation de l'eau des arrosements.

Puis, comme nous l'avons dit en parlant des plantes cultivées dans les appartements, de l'air et de la lumière, ni trop de soleil en été, ni trop de froid en hiver.

Nous répéterons qu'il vaut toujours mieux enterrer les plantes en pots avec les vases qui les contiennent que de les exposer aux mauvaises chances d'un dépotage et d'une reprise douteuse.

Les végétaux dont on peut garnir une jardinière sont :

En hiver :

Azalea, Bruyère du Cap, Camellia, Cinéraires, Chorozema, Chrysanthème à fleurs blanches, Crocus, Cyclamen, Daphne, Diosma, Erica, Epacris, Héliotropes d'hiver, Hépatiques rose, bleue et blanche, Jasmins, Jacinthes, Justicia, Laurier-Tin, Lilas, Megasea, Mimosa, Metrosideros, Primevères de la Chine, Pensées, Rhododendrum, Rosiers du Bengale, Thlaspis vivaces, Tulipes hâtives, Violettes;

Au printemps :

Azalea, Bruyère du Cap, Camellia, Cinéraires, Crocus, Chorozema, Daphne, Erica, Epacris, Fuchsia, Fabiana, Geranium, Gardenia, Hortensia, Héliotropes, Justicia, Jacinthes, Jasmins, Kalmia, Lilas, Mimosa, Metrosideros, Pensées, Pivoines en arbre, Pimelea, Primevères de la Chine, Rhododendrum, Rosiers, Violettes, Verveines hybrides;

En été :

Achimenes, Aster, Cinéraires, Cistus, Calcéolaires, Crinum, Chironia, Crassula, Convolvulus, Chorozema, Erica, Fuchsia, Fabiana, Gardenia, Gloxinia, Geranium, Héliotropes, Hortensia, Hibiscus, Hydrangea du Japon, Ixora, Jasmins, Justicia, Lantana, Metrosideros, Myoporum, Pimelea, Pancratium, Pervenches, Polygala, Rhododendrum, Rosiers, Sollya, Stevia, Tillandsia; Verveines hybrides, Volkameria, Veronica Andersonii;

En automne :

Aster, Bruyère du Cap, Camellia, Cinéraires, Cyclamen, Erica, Epacris, Daphne, Fuchsia, Gardenia, Héliotropes, Jasmins, Justicia, Jacinthes, Lantana, Laurier-Tin, Chrysanthème à fleurs blanches, Myoporum, Mimosa, Primevères de la Chine, Pensées, Polygala, Rosiers, Stevia, Thlaspis vivaces, Verveines, hybrides, Veronica Andersonii.

Les amateurs qui ne tiennent pas particulièrement aux plantes très-florifères peuvent garnir exclusivement leurs jardinières de plantes grasses ; ce sont de toutes les plantes d'ornement celles qu'il est possible de conserver le plus longtemps dans les appartements.

Plusieurs d'entre ces plantes ont une floraison d'une beauté remarquable; mais le plus grand nombre ne fleurit qu'à de rares intervalles, et n'est cultivé que pour l'élégance et la singularité des tiges et des feuilles, souvent confondues chez ces plantes dans un seul et même organe.

Indépendamment des jardinières, on peut placer sur un meuble dans l'appartement un panier garni de fleurs coupées, comme le représente la figure 11.

La fraîcheur des fleurs coupées employées pour garnir ces paniers se conserve par le procédé suivant.

L'intérieur du panier est rempli de sable frais recouvert de mousse. Les tiges des fleurs sont piquées dans ce sable, en leur donnant la disposition d'un bouquet monté ; on assortit les formes et les nuances des fleurs de manière

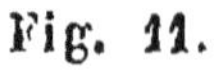
Fig. 11.

à en obtenir l'effet ornemental le plus agréable à la vue. Le sable frais est arrosé ou renouvelé au besoin ; les fleurs s'y maintiennent fraîches plus longtemps que dans des vases remplis d'eau.

§ 8. VASES DE PORCELAINE, CARAFES, ETC.

Les cheminées sont souvent ornées de vases de porcelaine ou de carafes destinés à contenir des Jacinthes, des Narcisses ou des Ornithogales d'Arabie, qu'on cultive dans la terre ou dans l'eau.

On achète à l'automne ces oignons élevés en

pot, ou, si l'on aime mieux les élever soi-même, on les plante, vers la fin de septembre ou dans le courant d'octobre, dans des pots de terre, et non dans les vases de porcelaine, qui, en raison de leur imperméabilité, conservent trop longtemps l'humidité, ce qui nuit essentiellement aux racines et compromet la beauté des fleurs. Plus tard seulement, lorsque les oignons sont assez avancés, on peut sans inconvénient placer les pots dans les vases de porcelaine ou de terre nommés cache-pot.

Dans l'eau les oignons exigent moins de soins que dans la terre ; il suffit de remplir les carafes à mesure que l'eau s'évapore, de manière que les racines soient toujours immergées; mais, quel que soit le mode de culture, il ne faut pas, pendant les premiers temps de la végétation, tenir les oignons dans des appartements trop chauds et trop loin de la lumière; car, dans cette circonstance, ils ne poussent que de longues feuilles pâles, quelquefois même jaunes, sans avoir la force de produire des fleurs, toute la puissance végétative de la plante tournant au profit de la production des feuilles.

Enfin il faut, pour réussir, une température douce et une position près du jour, pour empêcher que les oignons ne s'emportent en feuilles, et c'est seulement lorsqu'ils sont bien pourvus de racines, et que la hampe (tige à fleur) commence à paraître, que l'on peut sans inconvénient les placer sur la cheminée ou sur le meuble qu'ils doivent orner.

Indépendamment des carafes ordinaires, on trouve des appareils en verre dans lesquels on place deux oignons de Jacinthes en sens inverse; l'un pousse ses feuilles et ses fleurs dans l'eau et l'autre à l'air, ce qui produit un effet assez curieux, surtout lorsque les Jacinthes sont de couleurs différentes.

Les Crocus de Hollande peuvent également être cultivés avec succès dans les appartements, soit dans des pots remplis de terre, soit simplement dans de la mousse humide.

Pour remplacer les oignons à fleurs on peut cultiver dans les appartements des Cyclamen, des Primevères de la Chine, des Bruyères du Cap, des Erica, des Diosma, des Myrtes à petites feuilles, etc., que l'on place dans les vases, sans enlever les pots. On peut aussi pendant l'été cultiver dans les appartements des oignons de Scille maritime, qui fleurissent très-bien dans un peu de mousse légèrement humide.

§ 9. FLEURS COUPÉES.

Les fleurs fraîchement coupées, dont on garnit les vases qui décorent habituellement les tablettes des cheminées, peuvent conserver longtemps leur éclat moyennant quelques soins faciles à prendre.

Tous les soirs on les asperge légèrement avec de l'eau fraîche, le lendemain on renouvelle l'eau des vases, et l'on retranche un ou deux centimètres du bas des tiges.

Quant aux bouquets montés, comme il serait inutile de les mettre dans l'eau, en raison de la suppression des tiges, il faut pour les conserver, les placer sous une cloche de verre, après les avoir légèrement aspergés avec de l'eau fraîche. On peut aussi, lorsqu'ils sont fanés, les mettre à la cave jusqu'à ce qu'ils aient repris un peu de leur fraîcheur primitive.

En hiver, à défaut de fleurs fraîchement coupées, qu'il est souvent difficile de se procurer en cette saison, les vases qui ornent les cheminées peuvent être garnis de bouquets composés d'Amaranthoïde (*Gomphrena globosa*), d'Acroclinium roseum, d'Immortelle jaune (*Gnaphalium orientale*), d'Immortelle annuelle

(*Xeranthemum annuum*), d'Immortelle à bractées (*Helichrysum bracteatum*), de Morna elegans et de Rhodanthe Manglesii. Toutes ces fleurs sont d'une culture facile ; on peut en faire provision en été, en ayant soin de les faire sécher à l'ombre ; elles conservent leur couleur pendant plusieurs années. Quelques-unes de ces fleurs, comme celles de l'Immortelle jaune, peuvent se teindre de différentes couleurs, et l'on trouve dans le commerce, en toute saison, des fleurs d'Immortelle de couleur jaune, rouge, panachée, verte, blanche, carmin, rose, bleue et violette.

Les fleurs sèches de quelques Graminées, spécialement celles du Stipa pennata, de l'Agrostis pulchella et de la Briza media, peuvent servir au même usage. En Angleterre on augmente l'effet ornemental des fleurs du Stipa pennata en les faisant teindre en rouge, en bleu ou en jaune.

Des bouquets d'Immortelles entourés de Graminées ainsi préparées durent tout un hiver et produisent autant d'effet que les fleurs fraîchement coupées pendant la belle saison.

CHAPITRE IV.

DE LA CRÉATION DES PETITS JARDINS.

Dans l'intérieur de Paris et des grandes villes, le moindre terrain, pourvu qu'il soit suffisamment aéré, est d'un prix inestimable pour créer un petit jardin. Quelques mètres carrés de surface libre, n'importe à quelle exposition, sont tout ce qu'il faut pour improviser un parterre.

Dans les conditions les plus favorables, si l'air et la lumière ne manquent pas, on peut réunir à toutes les plantes d'ornement de pleine terre, annuelles, bisannuelles ou vivaces, les arbustes les plus agréables, spécialement les Lilas, les Spirées, les Ribes, les Althæa et toute la tribu des Rosiers. On admet, selon la saison, parmi les plantes de pleine terre, le Geranium rouge, la Chrysanthème blanche, les Calcéolaires ligneux, les Petunia, les Verveines, dont on assortit les formes et les couleurs de la manière la plus avantageuse.

Si le jardin est ombragé ou à l'exposition du

nord, ce qui exclut la plupart des végétaux d'ornement qui viennent d'être indiqués, il est toujours possible d'y avoir sinon des fleurs, au moins de la verdure, en y plantant des Lauriers-Amandiers, des Lauriers de Portugal, des Alaternes, des Philaria, des Troënes du Japon, des Mahonia, des Aucuba, des Ifs, des Cèdres de Virginie et quelques Sapins epicea.

Si l'on peut faire défoncer les plates-bandes, en enlever la terre et la remplacer par de la terre de bruyère, on peut dans les mêmes circonstances cultiver des Rhododendrum, des Kalmia, des Hortensia, dont les massifs, encadrés dans de larges bordures de Lierre d'Irlande, produisent l'effet ornemental le plus agréable.

Fréquemment, dans les très-petits jardins de l'intérieur des villes, il se trouve qu'une partie seulement est constamment à l'ombre, tandis que l'autre ne manque ni d'air ni de soleil; on réunit alors les deux genres de parterre qui viennent d'être esquissés, en réservant la partie la plus ombragée pour les plantes et arbustes de terre de bruyère.

Dans les parterres à bonne exposition, les bords des allées peuvent être dessinés par des bordures de Buis, de Staticé, de Primevère, d'Œillet mignardise, de Campanula Carpathica et cespitosa, de Saxifraga hypnoides et granulata, de Violette des quatre saisons et même de Fraisiers. Au lieu de ces bordures vivaces on peut semer, pour former des bordures, du Ray-grass anglais, des Silènes, des Némophiles, des Œillets de la Chine, des Leptosiphon, des Pensées, du Pourpier à grande fleur, du Crepis rosea, de la Belle de jour et de la Julienne de Mahon.

Si l'espace est suffisant pour admettre une tonnelle en treillage, on plante pour la couvrir des Clématites, des Chèvrefeuilles, des Bignonia, des Boussingaultia baselloides, des Glycines, des Rosiers grimpants, des Jasmins blancs, des Vignes-vierges, des Aristoloches, des Houblons et des Lierres d'Irlande. On peut aussi semer pour la même destination, au pied de la tonnelle, des plantes grimpantes annuelles, comme Capucines, Courges, Pois de senteur, Haricot d'Espagne, Volubilis. Quant aux Cobea, il est préférable de planter de jeunes plants élevés en pot, car le semis en place réussit rarement, sous le climat de Paris.

L'emplacement du parterre en miniature et les dispositions du local permettent assez souvent d'y construire un rocher artificiel; dans ce cas on peut planter entre les pierres des

Aubrietia deltoides, des Campanula cespitosa et Carpathica, des Primevères, des Fragaria Indica, des Saxifrages granulée, hypnoïde et sarmenteuse, des Sempervivum tectorum, des Sedum acris, elegans, hirsutum et populifolium, des Iris Germanica, des Pervenches, et quelques Fougères, telles que Athyrium fœmina, Blechnum spicans, Osmunda regalis, Pteris aquilina, Scolopendrium officinarum et Strutiopteris Germanica.

Lorsque le parterre peut admettre un petit bassin, on y cultive toute une série de plantes aquatiques dans de grands pots plongés dans l'eau, dont elles ornent la surface; spécialement des Alisma natans, des Polygonum amphibium, des Villarsia nymphoides, des Pontederia cordata, des Sparganium natans, des Ranunculus lingua, et une foule d'autres jolies plantes, les unes annuelles, les autres vivaces par leurs racines.

Quelles que soient les proportions du jardin, il comporte toujours une pelouse de gazon. Le Ray-grass anglais mérite, par la fraîcheur de sa verdure, la préférence qu'on lui accorde généralement sur toutes les autres Graminées pour composer les gazons; cependant le mélange de Graminées connu sous le nom anglais de *Lawn's grass* (herbes à pelouses) peut en toutes circonstances remplacer le Ray-grass anglais avec avantage ; il donne une verdure d'un aussi bel aspect et incontestablement plus durable.

La graine de Ray-grass anglais germe promptement ; on peut la semer au printemps, en automne et même pendant l'été, en ayant soin d'arroser souvent. Avant de semer le terrain doit être bien préparé, c'est-à-dire qu'après avoir donné un bon labour on le herse à la fourche; puis on enlève avec le râteau les mottes et les pierres qui sont à sa surface. On trace un sillon avec le manche du râteau, de manière à marquer le bord de la pelouse ou des filets qu'on veut semer ; après quoi on répand la graine également, on foule le terrain légèrement avec les pieds ; puis on recouvre le semis avec de la terre fine, ou mieux avec un peu de terreau bien consommé. Lorsqu'on veut avoir immédiatement de la verdure, on peut, au lieu de semer, lever des plaques de gazon dans les prés ou sur le bord des chemins, et les appliquer sur le sol.

Pour lever ce gazon on taille d'avance des plaques d'environ 20 centimètres de largeur sur 30 centimètres de longueur (plus grandes elles sont susceptibles de se briser); puis on les enlève avec une bêche à lame plate qu'on passe par-dessous en tenant le manche presque horizontalement. Comme pour le semis il faut, avant de plaquer le gazon, labourer le terrain et enlever les mottes de terre et les pierres. Lorsque le terrain est prêt, on place un premier rang de plaques de gazon, en commençant par la base, si c'est un banc ou une pente qu'on veut garnir. On ajuste les plaques les unes à côté des autres, on coule un peu de terre fine derrière celles où le terrain est creux, de manière que la surface soit parfaitement unie; puis on frappe légèrement avec une petite batte, afin que les gazons s'appliquent bien sur le sol.

On place ensuite et successivement les autres rangs, et, lorsqu'on craint que les plaques de gazon coulent les unes sur les autres par suite de la pente du terrain, on les fixe au moyen de petits piquets, faits avec des branches d'arbres, qu'on enfonce dans la terre. Enfin, aussitôt qu'on a fini de plaquer son gazon, on arrose légèrement avec l'arrosoir à pomme, et les jours suivants on entretient la terre en état de fraîcheur au moyen de légers bassinages.

Quand la pente du terrain ne permet pas de semer comme nous l'avons indiqué, ou de plaquer, on prend de bonne terre passée à la claie, à laquelle on ajoute de la graine de gazon; on délaye le tout dans un baquet, de manière à former un mortier avec lequel on enduit le terrain qu'on veut revêtir de verdure; puis, avec une truelle de maçon qu'on trempe dans l'eau de temps à autre, on lisse la surface, et l'on arrose fréquemment jusqu'à ce que les graines soient levées.

S'il arrivait, malgré les arrosements, que la terre se fendît sur quelques points, on remplirait les crevasses avec du mortier semblable à celui qu'on a préparé primitivement.

Lorsque les graines commencent à germer, on appuie légèrement la terre avec une petite batte semblable à celle qu'on emploie pour le gazon plaqué; puis on arrose au besoin, et, lorsque l'herbe a quelques centimètres de hauteur, on la coupe avec des ciseaux à tondre ou bien avec une petite faux à main.

Que le gazon soit semé ou plaqué, pour le conserver longtemps il faut l'arroser fréquemment pendant l'été, le couper souvent, et le rouler ou le battre légèrement après chaque coupe.

CHAPITRE V.

DE LA CONSERVATION DES VÉGÉTAUX.

Pour cultiver les plantes qui sont le sujet de nos instructions il n'est pas indispensable de connaître leur nom scientifique et la famille à laquelle elles appartiennent, mais il est de toute nécessité de connaître au moins la durée de chacune, afin de ne pas prodiguer des soins inutiles à celles dont la vie est limitée.

Pour faciliter la connaissance de ce fait nous dirons que l'on désigne sous le nom de *plantes annuelles* celles qui, dans le courant d'une année, germent, fleurissent, portent graine et meurent; de *plantes bisannuelles*, celles qui durent deux ans; et de *plantes vivaces*, tous les végétaux qui persistent au delà de trois ans, soit qu'ils perdent ou non chaque année leurs feuilles ou leurs tiges.

Les *arbrisseaux*, tels que Grenadiers, Lauriers-roses, Orangers, Myrtes, Rosiers, Rhododendrum, etc., etc., comportent au contraire un système de culture suivi, et l'on peut avec des soins les voir fleurir chaque année et prendre de la force.

Pendant l'hiver on peut laisser dehors (en enfonçant les pots en terre) tous ceux indiqués comme étant de pleine terre; mais il faut rentrer dans l'appartement, ou mieux dans une serre ou tout autre lieu suffisamment éclairé et où la gelée ne se fasse pas sentir, tous ceux indiqués comme étant de serre tempérée.

Cependant, le plus souvent, on ferait mieux de les confier aux soins d'un horticulteur, qui est pourvu de tous les moyens d'abri nécessaires; car certaines plantes, telles que les Camellia, les Erica, les Geranium et les plantes de serre chaude, sont souvent perdues après la floraison, faute d'être placées dans les conditions favorables à leur conservation.

Presque toutes les plantes de serre peuvent passer plusieurs mois de l'année à l'air libre. Bien qu'il ne soit pas possible de déterminer d'une manière précise l'époque de sortir et de rentrer les plantes, on peut dire que, sous le climat de Paris, on sort ordinairement celles de serre tempérée dans la première quinzaine de mai, et celles de serre chaude dans la seconde quinzaine du même mois; puis on les rentre vers le 15 de septembre.

Dans la seconde quinzaine d'octobre seulement on rentre celles de serre tempérée, qui, plus rustiques, peuvent rester plus longtemps dehors. Comme, dans le chapitre qui termine ce volume, nous indiquerons la culture de chacun des végétaux qui y sont décrits, nous ne croyons pas nécessaire de nous étendre plus longuement sur ce sujet.

CHAPITRE VI.

CALENDRIER HORTICOLE.

JANVIER.

En tous temps la conservation des plantes dans les appartements exige de grands soins et offre beaucoup de difficultés. A cette époque de l'année elle est plus difficile encore; car le plus grand nombre de plantes en fleurs qu'on achète a été chauffé, et il est facile de comprendre que le changement brusque de température qu'elles subissent, en passant des serres de l'horticulteur qui les a vendues dans un appartement plus froid, doit leur être très-préjudiciable.

Les conditions essentielles pour les conserver le plus longtemps possible en bon état consistent à les placer dans l'appartement de manière qu'elles reçoivent la lumière le plus directement possible;

Entretenir la température entre 10 et 12 degrés, et avoir soin de renouveler l'air vers le milieu de la journée, à moins que le froid ne soit trop rigoureux;

Tenir les plantes dans un grand état de propreté, au moyen de légers bassinages, et les arroser de manière que la terre soit toujours fraîche sans être humide.

Enfin l'eau qu'on emploie doit, autant que possible, être au même degré de température que l'appartement.

Semis. L'état de la température ne permet pas de semer de graines de fleurs dans le mois de janvier, même sur couche; car, malgré les soins, il serait extrêmement difficile de conserver le jeune plant obtenu de semis.

Floraison. Azalea, Bruyère du Cap, Camellia, Chrysanthème à fleurs blanches, Cinéraires, Coronilla glauca, Crocus de Hollande, Cyclamen, Diosma, Daphne, Epacris, Erica campanulata, gracilis, gracilis vernalis, hyemalis, ignescens, Linneana superba, Linneoides, Mediterranea, polytrichifolia, pyreolæflora, alba et rosea, Wilmoreana, Giroflée jaune, Habrothamnus, Héliotrope du Pérou, Héliotrope d'hiver (Tussilago), Jacinthes, Jasmin blanc, Justicia, Laurier-Tin, Lilas, Mahonia,

Metrosideros, Mimosa, Narcisse de Constantinople, Oranger, Pensées, Pittosporum, Primevère de la Chine, Réséda, Rosier du Bengale, Thlaspi vivace, Tulipes hâtives, Violette de Parme.

FÉVRIER.

Les soins à donner aux plantes dans le cours de ce mois diffèrent peu de ceux qu'elles réclamaient dans le mois précédent. Il y a cependant quelques fleurs de saison qui font exception ; ce sont : les Hellébores, les Hépatiques, les Pâquerettes, les Perce-neige, les Violettes, etc., qui s'accommodent de toute température.

Comme le froid est devenu moins rigoureux, et que le soleil, ayant pris de la force, permet d'ouvrir les fenêtres pendant quelques heures du jour, on peut laisser les végétaux placés dans l'appartement jouir de ces bienfaisantes influences.

Il faut seulement avoir grand soin de les soustraire au froid du soir et aux fraîches matinées, qui, en suspendant la végétation, pourraient leur causer un grand préjudice.

Pendant les journées couvertes et brumeuses il faut ne leur donner d'air qu'avec la plus grande réserve. Les arrosements doivent toujours être modérés et faits avec de l'eau dont la température soit de peu inférieure à celle du milieu qu'occupent les végétaux auxquels elle est destinée.

On ne doit point déroger, à une époque où la santé des plantes réclame plus d'attention, aux soins de propreté qu'elles exigent. Leur feuillage, terni par la poussière, doit être nettoyé par de petits bassinages, pour faciliter la respiration du végétal; quelques petits binages superficiels ouvrent le sol aux influences de la chaleur qui entretient leur vie.

Semis. Dans les terres légères on peut semer en place des Pavots, des Pieds d'alouette, des Coquelicots, de la Julienne de Mahon, des Silene pendula et du Réséda.

On sème sur couche de la Pervenche, des Giroflées quarantaines.

Floraison. Azalea, Bruyère du Cap, Camellia, Chorozema, Chrysanthèmes à fleurs blanches, Cinéraires, Coronilla glauca, Correa, Crocus de Hollande, Cyclamen, Daphne, Epacris, Erica campanulata, gracilis, gracilis vernalis, hyemalis, Linneana superba, Linneoides, Mediterranea, persoluta alba et rosea, Wilmoreana, Giroflée jaune, Habrothamnus, Héliotrope du Pérou, Héliotrope d'hiver (Tussilago), Hépatiques, Jacinthes, Justicia, Laurier-Tin, Lilas, Metrosideros, Mimosa, Oranger, Perce-neige, Primevère de la Chine, Pittosporum, Réséda, Rosier pompon, Rosier du Bengale, Rododendrum, Thlaspi vivace, Tulipes hâtives, Violettes de Parme et des quatre saisons.

MARS.

Les plantes cultivées dans les appartements exigent encore de grands soins; car, indépendamment des arrosements, qui doivent avoir lieu le matin seulement, en raison de la fraîcheur des nuits, il faut continuer de les entretenir dans un grand état de propreté au moyen de bassinages, leur donner de l'air pendant le jour, et avoir soin de les garantir des rayons directs du soleil.

C'est l'époque de planter les plantes vivaces; car, si l'on attend qu'elles soient en fleurs pour les acheter, comme, une fois arrivées à ce point, elles n'ont plus qu'une durée bornée, on n'en jouit pas aussi longtemps.

Semis. On commence à semer en pleine terre ou en caisse les graines de plantes grimpantes, telles que Capucines, Pois de senteur, Volubilis.

On sème en place : Adonide d'été, Belle de jour, Cacalia sonchifolia, Centaurée bleuet, Clarkia elegans et pulchella, Collinsia bicolor, Coquelicot, Crepis rosea, Œnothère, Erysimum Petrowskianum, Escholtzia Californica, Eutoca viscida, Gilia tricolor et ses variétés, Julienne de Mahon, Mauve Lavatère, Nemophila insignis et maculata, Nigelle, Pavot, Phacelia congesta et tanacetifolia, Pied d'alouette, Réséda, Souci de Trianon.

On sème en place, ou en pépinière pour repiquer : Coreopsis, Giroflée jaune, Muflier, Silene pendula, Thlaspi blanc et violet, Violette des quatre saions.

On sème sur couche : Acroclinium roseum, Ageratum Mexicanum, Amarante, Amarantoïde, Anagallis grandiflora, Brachycome iberidifolia, Centranthus macrosiphon, Chrysanthème à carène, Cobea, Datura fastuosa, Giroflées quarantaines, Leptosiphon androsaceus et densiflorus, Lobelia erinus et ramosus,

Morna elegans, Petunia hybrida, Pentstemon gentianoides, Phlox Drummondii, Portulaca grandiflora, Reines-Marguerites, Rhodanthe Manglesii, Roses trémières de la Chine, Tagetes lucida, Verveines hybrides, Aubletia et venosa, Zinnia elegans.

Floraison. Amaryllis, Azalea, Bruyère du Cap, Camellia, Cactus, Chorozema, Chrysanthème à fleurs blanches, Correa, Coronilla glauca, Cyclamen, Daphne, Diosma, Erica blanda, campanulata, cupressina cylindrica, gracilis vernalis, hyemalis intermedia, Linneoïdes, Linneana superba, mammosa, mediterranea, pyramidalis, plumosa, persoluta alba et rosea, regerminans, tubiflora, translucens versicolor, Wilmoreana, Epacris, Giroflée jaune, Giroflées quarantaines, Habrothamnus, Héliotrope du Pérou, Hépatiques, Jacinthes, Justicia, Laurier-Tin, Leschenaultia formosa, Lilas, Metrosideros, Mimosa, Oreille d'ours, Pittosporum, Primevère de la Chine, Rhododendrum, Rosier du Bengale, Rosier pompon, Saxifrage de Sibérie, Thlaspi vivace, Tulipes hâtives, Violettes de Parme et des quatre saisons; vers la fin du mois, des Rosiers du roi.

Excepté quelques plantes vivaces, les plantes en fleur qu'on trouve sur les marchés sortent des serres ou des châssis, et elles ne peuvent pas, sans qu'on risque de les perdre, rester encore dehors.

Il faut, au contraire, beaucoup de surveillance pour les conserver; car souvent les matinées sont fraîches; il fait doux pendant le jour et il gèle la nuit; il faut donc donner aux plantes beaucoup d'air pendant le jour, en ayant soin toutefois de ne pas les laisser exposées aux rayons directs du soleil, et les rentrer le soir; continuer de les arroser, au besoin, le matin seulement, et les tenir dans un grand état de propreté.

Semis. On sème en place Adonide d'été, Alyssum maritimum, Bartonia aurea, Belle de jour, Belle de nuit, Brachycome iberidifolia, Cacalia sonchifolia, Campanula speculum, Clarkia elegans et pulchella, Collinsia bicolor, Crepis rosea, Cynoglosse à feuille de Lin, Œnothère, Erysimum Petrowskianum, Escholtzia Californica, Eutoca viscida, Eucharidium grandiflorum, Gilia tricolor et ses variétés, Julienne de Mahon, Gypsophila elegans, Hugelia cærulea, Immortelle annuelle, Kaulfussia amelloides, Leptosiphon androsaceus et densiflorus, Lin à fleurs rouges, Ketmie d'Afrique, Mauve Lavatère, Nemophila insignis et maculata, Nigelle, Phacelia congesta et tanacetifolia, Phlox Drummondii, Réséda, Ricin pourpre, Salpiglossis hybrida, Schizanthus pinnatus, Souci de Trianon, Viscaria oculata, Witlavia grandiflora, et toutes les plantes grimpantes, comme Capucines, Pois de senteur, Volubilis.

On sème en place, ou en pépinière pour repiquer, Calandrinia grandiflora, Centranthus macrosiphon, Chrysanthème à carène, Coreopsis, Giroflées quarantaines, Muflier, Œillet de la Chine, Œillet d'Inde, Pentstemon gentianoides, Portulaca grandiflora, Reine-Marguerite, Rose d'Inde, Scabieuse, Silene pendula, Thlaspi blanc et violet, Violette des quatre saisons, Zinnia elegans.

On sème sur couche Amarante, Amarantoide, Anagallis grandiflora, Balsamines, Cobea, Courges, Cuphea, Datura fastuosa, Ficoïde tricolore, Immortelle à bractées, Lobelia erinus et ramosa, Mimulus, Oxalis rosea, Petunia hybrida, Podolepis gracilis, Séneçon des Indes, Sphenogyne speciosa, Verveine hybride, Aubletia et venosa, Thunbergia.

Floraison. Amaryllis, Azalea, Bruyère du Cap, Cactus, Calla d'Ethiopie, Camellia, Chorozema, Chrysanthème à fleurs blanches, Correa, Crocus de Hollande, Cyclamen, Cynoglossum Omphalodes, Daphne, Dielytra spectabilis, Diosma, Epacris, Erica bacchans, blanda, cylindrica, triennalis, ignescens, Linneana superba, Linneoides, Mediterranea, persoluta alba, rosea, et rubra, regerminans, tubiflora, translucens, ventricosa porcellana, versicolor, Wilmoreana, Ficoïde, Geranium, Giroflée jaune, Giroflées quarantaines et Giroflée Cocardeau, Habrothamnus, Héliotrope du Pérou, Hépatique, Jacinthes, Jonquilles, Justicia, Kalmia, Lilas, Laurier-Tin, Leschenaultia formosa, Mahonia, Metrosideros, Mimosa, Narcisse, Nemophila, Oranger, Oreille d'ours, Pensée, Pittosporum, Pimelea, Primevère de la Chine, Primevère des jardins, Réséda, Rhododendrum, Rosiers, Saxifrage de Sibérie, Thlaspi vivace, Tulipes hâtives, Violette des quatre saisons.

Vers la fin du mois, Clematis bicolor, Clianthus Puniceus, Fuchsia, Gardenia, Gnidia, Magnolia Yulan, Mimulus, Petunia, Pivoine en arbre, Polygala, Stevia, Verveines hybrides.

MAI.

L'état de la température des premiers jours du mois ne permet pas encore de sortir les plantes de serre, celles en fleurs surtout. Ce n'est que dans la seconde quinzaine qu'on peut commencer à les laisser dehors, ce qui n'empêche pas qu'on ne puisse en conserver dans les appartements ; il faut seulement leur donner beaucoup d'air pendant le jour et les mettre dehors pendant la nuit.

On arrose, au besoin, le matin seulement ; on bassine de temps en temps pour rafraîchir les plantes et enlever la poussière qui s'attache sur les feuilles ; enfin on a soin de garantir des rayons directs du soleil celles qui sont en fleur.

Pendant ce mois on trouve sur les marchés des Rosiers en boutons, dont on jouit plus longtemps que lorsqu'on les achète en fleurs ; il faut seulement avoir grand soin, si on veut les mettre en pleine terre, de ne pas déranger les racines en les retirant des pots.

Arrivé à cette époque, on peut également planter en pleine terre les Héliotropes, les Hortensia, les Geranium rouges, les Petunia et les Verveines ; mais, pour en jouir longtemps, il faut prendre de préférence de jeunes plantes qui n'aient pas encore fleuri ; car, une fois reprises, elles végètent et fleurissent sans interruption jusqu'aux gelées.

Semis. On continue de semer les graines de plantes grimpantes ; on sème en place Alyssum maritimum, Adonide d'été, Bartonia aurea, Belle de jour, Brachycome iberidifolia, Cacalia sonchifolia, Campanula speculum, Collinsia bicolor, Courges, Clarkia pulchella et elegans, Crepis rosea, Cynoglosse à feuille de Lin, Œnothère, Erysimum Petrowskianum, Escholtzia Californica, Eucharidium grandiflorum, Eutoca viscida, Gilia tricolor et ses variétés, Julienne de Mahon, Gypsophila elegans, Hugelia cærulea, Kaulfussia amelloides, Leptosiphon densiflorus et androsaceus, Lin à fleurs rouges, Lupins, Mauve Lavatère, Nemophila insignis et maculata, Oxalis rosea, Phacelia congesta et tanacetifolia, Phlox Drummondii, Pois de senteur, Réséda, Ricin pourpre, Salpiglossis hybrida, Souci de Trianon, Thunbergia, Viscaria oculata, Volubilis, Witlavia grandiflora.

On sème en place, ou en pépinière pour repiquer, Balsamine, Calandrinia grandiflora, Centranthus macrosiphon, Chrysanthème à carène, Œillet de la Chine, Podolepis gracilis, Portulaca grandiflora, Reines-Marguerites, Sphenogyne speciosa, Thlaspi blanc et violet.

Floraison. Abutilon, Aloès, Ancolie, Azalea, Bouton d'or, Bouton d'argent, Cactus, Calla d'Éthiopie, Chorozema, Chrysanthème à fleurs blanches, Cinéraires, Clianthus Puniceus, Corbeille d'or (Alyssum), Coronilla glauca, Crinum amabile, Daphne, Deutzia scabra, Dielytra spectabilis, Diosma, Epacris, Erica bacchans, cylindrica, perspicua, persoluta alba, rosea et rubra, translucens, ventricosa, Fabiana, Ficoïde, Fuchsia, Gardenia, Gentiana acaulis, Geranium, Gnidia, Giroflée jaune, Giroflées quarantaines, Giroflée Cocardeau, Héliotrope du Pérou, Hydrangea Japonica, Habrothamnus, Jasmin blanc, Justicia, Kalmia, Laurier-Tin, Leschenaultia formosa, Lilas, Mahonia, Magnolia grandiflora, Metrosideros, Mimosa, Mimulus, Myrte, Narcisses, Oranger, Oreille d'ours, Pensée, Petunia, Pimelea, Pivoine en arbre, Pittosporum, Polygala, Pultenea, Renoncules, Réséda, Rododendrum, Rosiers, Stevia, Tillandsia pyramidalis, Tulipes hâtives, Verveines hybrides, Violette des quatre saisons, Volkameria Japonica. Vers la fin du mois, Adonide d'été, Anémones, Belle de jour Calcéolaires, Campanule, Cistus purpureus, Fraxinelle, Gladiolus, Gorteria ringens, Hortensia, Iris d'Allemagne, Jacée à fleurs doubles, Lupins, Myosotis, Pervenche de Madagascar, Pivoine herbacée, Rhodanthe Manglesii, Scille du Pérou, Spirea.

JUIN.

Pour que les plantes souffrent le moins possible de la transplantation, il faut les acheter de préférence le matin, celles en mottes surtout, les déposer dans un lieu frais, les bassiner légèrement, et les planter le soir ; ou bien, si on les plante dans le courant de la journée, on verse de l'eau au fond du trou avant de planter, à moins que la terre ne soit déjà fraîche ou le temps à la pluie. Mais, quelle que soit la température, il faut, après la plantation, arroser les plantes au pied.

Pour conserver les plantes en pot qu'on achète pendant l'été il faut les mettre à une exposition ombragée ou les garantir des rayons brûlants du soleil, enfoncer les pots dans la terre ; ou bien, si on les plante dans des vases ou dans une jardinière, les garnir avec de la mousse, que l'on a soin de tenir toujours humide. Puis, indépendamment des arrosements au pied, on les bassine le soir avec un arrosoir à pomme.

Pour conserver celles que l'on place isolément sur une fenêtre ou sur un balcon, il faut avoir soin de ne jamais les laisser exposées au grand soleil, et, pour être certain que la terre est suffisamment humide, on place chaque pot sur une assiette ou sur une soucoupe remplie d'eau.

Semis. On continue les semis de plantes annuelles, comme Alyssum maritimum, Belle de jour, Brachycome iberidifolia, Cacalia sonchifolia, Centranthus macrosiphon, Chrysanthème à carène, Clarkia pulchella et elegans, Collinsia bicolor, Crepis rosea, Œnothère, Erysimum Petrowskianum, Eschöltzia Californica, Eucharidium grandiflorum, Eutoca viscida, Gilia tricolor et ses variétés, Julienne de Mahon, Leptosiphon densiflorus et androsaceus, Nemophila insignis et maculata, Oxalis rosea, Phacelia congesta et tanacetifolia, Phlox Drummondii, Podolepis gracilis, Portulaca grandiflora, Réséda, Souci de Trianon, Thlaspi blanc, Viscaria oculata, Witlavia grandiflora.

On sème en pépinière pour l'année suivante :

Ancolies, Campanules, Coquelourdes, Corbeilles d'or, Croix de Jérusalem, Digitales, Giroflée grosse espèce, Giroflée Cocardeau, Lin vivace, Lunaire annuelle, Œillet de poëte, Pied d'alouette vivace, Primevère des jardins, Roses trémières, Trachelium cæruleum, Valériane rouge, Violette des quatre saisons.

Floraison. Abutilon, Aconit, Adonide d'été, Ageratum Mexicanum, Ancolie, Balsamines, Belles de jour, Cactus, Calcéolaires, Campanule, Chorozema, Chrysanthème à fleurs blanches, Cinéraires, Cistus purpureus, Clianthus Puniceus, Collinsia bicolor, Coreopsis Drummondii, Crassula, Croix de Jérusalem, Dahlia, Diosma, Dielytra spectabilis, Erica bacchans, cupressina, persoluta alba, rosea et rubra, ventricosa porcellana; Erodium, Fabiana, Ficoïde, Fuchsia, Gardenia, Giroflées quarantaines, Gladiolus, Héliotrope du Pérou, Hémérocalle jaune, Hortensia, Hydrangea Japonica, Iris d'Allemagne, Ixora coccinea, Jasmin blanc, Julienne à fleurs doubles, Justicia, Kalmia, Laurier-rose, Leschenaultia formosa, Lupins, Magnolia grandiflora, Malopes, Metrosideros, Mimulus, Mignardises, Muflier, Myrte, Myosotis, Nigelle, Noyer des Indes, Orangers, Pensées, Petunia, Pervenche, Phacelia, Phlox, Pieds d'alouette, Pittosporum, Pivoine herbacée, Polygala, Renoncules, Réséda, Rhodanthe Manglesii, Rhododendrum, Rosiers, Siphócampylos bicolor, Spirea, Statice Tatarica, Stevia, Verveines hybrides, Volkameria Japonica.

Vers la fin du mois, Amarantes, Amarantoïde, Crinum Americanum, Cuphea, Œnothères, Gaillardia, Lis, Monarda didyma, Myoporum parviflorum, Œillet de la Chine, Pancratium, Pentstemon, Veronica Andersonii.

JUILLET.

Ce mois est un des plus riches en fleurs; les marchés en sont si abondamment fournis qu'on est souvent embarrassé de fixer son choix. Il vaut mieux, quand on achète des plantes en pots, qu'elles soient en boutons ou en fleurs, les laisser dans le vase qui les renferme; car elles y ont passé toute une partie de leur vie, et il faut attendre pour les transplanter, si elles sont vivaces, qu'elles aient passé fleur. Si l'on est cependant pressé de les transplanter dans des caisses, où elles doivent concourir à l'ornementation dont on aime à récréer sa vue, on peut les mettre en terre avec leurs pots, ou bien les dépoter avec précaution, sans déranger la terre, qui est retenue en une masse compacte par un réseau de chevelu.

La transplantation doit, pour plus de sûreté, avoir lieu le soir, et des circonstances impérieuses seules peuvent nécessiter qu'elles soient plantées dans le milieu du jour. Celles achetées en mottes peuvent être mises en place le matin même, si on les a de bonne heure; si on ne peut les planter aussitôt après leur arrivée, il faut les déposer dans un endroit frais, et leur donner un peu d'eau pour les empêcher de se flétrir.

La terre dans laquelle on les plante doit être fraîche, et, dès qu'elles sont en place, il faut les arroser pour mettre la terre en contact avec les racines et fournir l'eau suffisante pour qu'elles repoussent. Le matin on arrose au pied, et le soir on donne un ample bassinage avec l'arrosoir à pomme pour laver le feuillage et le rafraîchir.

Semis. On peut encore semer en place, pour avoir des fleurs en septembre et octobre, des Alyssum maritimum, Brachycome iberidifolia, Cacalia sonchifolia, Centranthus macrosiphon, Chrysanthème à carène, Clarkia pulchella, Collinsia bicolor, Crepis rosea, Œnothère, Erysimum Petrowskianum, Escholtzia Californica, Eucharidium grandiflorum, Eutoca viscida, Gilia tricolor et ses variétés, Julienne de Mahon, Leptosiphon androsaceus et densiflorus, Nemophila insignis et maculata, Phlox Drummondii, Phacelia congesta et tanacetifolia, Portulaca grandiflora, Réséda, Souci de Trianon, Thlaspi blanc.

Floraison. Aster Alpinus, Aconit, Aloès, Adonides, Ageratum Mexicanum, Amarantes, Abutilon striatum, Asclepias Curassavica, Achimenes, Balsamines, Belles de jour, Belles de nuit, Cactus, Chrysanthème à fleurs blanches, Cinéraires, Convolvulus cneorum, Coreopsis Drummondii, Cistus purpureus, Crassula, Chorozema, Crinum Americanum, Calcéolaires, Campanules, Dahlia, Datura fastuosa, Diosma, Digitale, Erica ventricosa porcellana, Œnothera, Fuchsia, Fabiana, Ficoïdes, Gardenia, Geranium, Giroflées quarantaines, Gaillardia picta, Gladiolus, Gloxinia, Hydrangea Japonica, Hémerocalle jaune, Hortensia, Héliotropes, Ixora coccinea, Jasmin blanc, Justicia, Lupins, Lis martagon, Leschenaultia formosa, Laurier-rose, Myrte, Metrosideros lophanta, Monarda didyma, Mimu lus, Muflier, Malope à grandes fleurs, Magnolia grandiflora, Myoporum parviflorum, Myosotis, Nigelle, Noyer des Indes, Œillet des fleuristes, Œillet de poëte, Œillet de Chine, Oranger, Pimelea decussata, Phlox, Pancratium, Pentstemon gentianoides, Pied d'alouette vivace, Polygala speciosa, Petunia, Pervenche de Madagascar, Rhododendron, Réséda, Reine-Marguerite, Rose trémière de la Chine, Rosiers, Salvia patens, Statice Tatarica, Stephanotis floribunda, Siphocampylus bicolor, Séneçon des Indes, Stevia serrata, Tillandsia pyramidalis, Trachelium cæruleum, Thlaspi blanc et violet, Veronica Andersonii, Verveines hybrides, Volkameria Japonica, Verge d'or, Zinnia elegans.

Vers la fin du mois, des Agapanthus umbellatus, Clethra arborea, Coreopsis tinctoria, Erythrina crista-galli, Ficoïde glaciale, Hibiscus roseus, Jasmin jonquille, Lantana, Matricaire, Phlox vivace, Sollya heterophylla, Thunbergia alata.

AOUT.

Nous répéterions pour ce mois ce que nous avons dit pour le mois précédent, si nous ne craignions de fatiguer notre lecteur par des redites; car les soins à donner aux plantes sont absolument les mêmes, soit qu'on les laisse en pots ou qu'on les transplante. Nous rappellerons seulement que les soins à leur prodiguer sont proportionnés à la délicatesse de la plante et au milieu dans lequel elle a été élevée.

Le mois d'août, plus brûlant et plus aride que celui de juillet, oblige plus souvent à ombrager les plantes, que dévorerait un soleil ardent, surtout quand on les a groupées le long des murs, d'une terrasse ou d'un balcon, contre lesquels les rayons, en se réfractant, produisent une chaleur intense. Des arrosements abondants, le matin et le soir, sont impérieusement nécessaires pour conserver les végétaux qu'on a semés ou achetés en mottes.

Semis. On fait les derniers semis de Collinsia bicolor, Julienne de Mahon, Nemophila insignis et maculata, Réséda, et l'on sème des Pensées pour le printemps.

Floraison. Ageratum Mexicanum, Aloès, Aster Alpinus, Asclepias Curassavica, Agapanthus umbellatus, Amaryllis belladona, Amarante, Abutilon striatum, Achimenes, Balsamines, Belle de-jour, Belle de nuit, Bignonia Capensis, Cantua picta, Chironia linifolia et decussata, Chrysanthèmes à fleurs blanches, Cinéraires, Crassula, Coreopsis tinctoria, Clethra arborea et alnifolia, Chorozema, Campanules, Calcéolaires, Canna Indica, Coronilla glauca, Crinum Americanum, Cactus, Dahlia, Datura arborea et fastuosa, Digitale, Erica Boweana, blanda, cylindrica, hyemalis, ignescens, Linneana superba, mammosa coccinea, rosea, purpurea, verticillata, ventricosa, porcellana, Erythrina crista-galli, Ficoïdes à fleurs blanches et à fleurs roses, Fuchsia, Gardenia, Gladiolus, Grenadier, Geranium, Giroflée grecque, Gloxinia, Hortensia, Héliotrope, Hémérocalle du Japon, Hibiscus Sinensis, Ixora coccinea, Justicia, Jasmin blanc, Jasmin d'Espagne, Jasmin des Açores, Jasmin jonquille, Leschenaultia formosa, Lilium lancifolium, Laurier-rose, Lupins, Lantana, Lobelia fulgens, Malope à grandes fleurs, Magnolia grandiflora, Matricaire, Mimosa, Myoporum parviflorum, Mufliers, Myrtes, Myosotis, Œillet de la Chine, Orangers, Pancratium, Pervenches, Petunia, Pentstemon gentianoides, Phlox, Phlomis leonurus, Rochea, Réséda, Reine-Marguerite, Roses trémières, Rosiers, Salvia fulgens, Salvia patens, Sollya heterophylla, Statice Tatarica, Trachelium cœruleum, Tubéreuse odorante, Thumbergia alata, Volkameria Japonica, Veronica Andersonii, Verveines hybrides, Zinnia elegans. Vers la fin du mois, des Aster amellus.

SEPTEMBRE.

Indépendamment des plantes en fleurs, dont le nombre est encore considérable, on peut, vers la fin du mois, commencer la culture des oignons à fleurs dans les appartements, soit en pot ou dans des carafes remplies d'eau. Quelques-uns même (les Crocus) peuvent être cultivés tout simplement dans de la mousse humide.

Comme le résultat de cette culture dépend essentiellement de l'époque de la plantation et du choix des oignons, nous indiquerons l'ordre dans lequel ces oignons doivent être plantés et les espèces auxquelles on doit donner la préférence. On commence naturellement par les espèces les plus hâtives, et successivement. Ainsi, vers la fin du mois on plante des Narcisses de Constantinople, les grands Primo et les Soleils d'or (ces oignons viennent également bien dans l'eau et dans la terre), puis les Jacinthes blanches, simples, hâtives.

Comme les Narcisses, toutes les Jacinthes peuvent être cultivées dans l'eau ou dans la terre.

Semis. On sème en place, pour avoir des fleurs en mai et juin : Adonide d'été, Alyssum maritimum, Campanula speculum, Centaurée bleuet, Centaurée musquée, Centranthus macrosiphon, Clarkia pulchella, Collinsia bicolor, Coreopsis tinctoria, Crepis rosea, Œnothères, Escholtzia Californica, Eucharidium grandiflorum, Erysimum Petrowskianum, Gillia capitata, Immortelle annuelle, Julienne de Mahon, Mufliers, Nemophila insignis et maculata, Œillet de la Chine, Pensées, Saponaires de Calabre, Silene pendula, Schizanthus pinnatus, Scabieuses des jardins, Thlaspi blanc et violet.

On sème dans des pots que l'on hiverne sous châssis : Anagallis grandiflora, Brachycome iberidifolia, Coreopsis Drummondii, Cuphea, Ipomopsis elegans, Kaulfussia amelloides, Leptosiphon aureus, androsaceus et densiflorus, Lobelia erinus et ramosus, Mimulus, Myosotis Azorica, Nycterinia Capensis et selaginoides, Schizanthus retusus, Tagetes lucida, Verveines hybrides, Aubletia et venosa, Viscaria oculata.

Les mêmes plantes peuvent être semées au printemps et successivement jusqu'en juillet;

de cette manière on peut avoir des fleurs pendant toute la belle saison.

Floraison. Aloès, Ageratum Mexicanum, Aster, Amaryllis belladona, Abutilon striatum, Bruyère du Cap, Bignonia Capensis, Campanula pyramidalis, Crinum amabile, Coronilla glauca, Cantua picta, Coreopsis tinctoria, Chelone barbata, Chironia linifolia, Chrysanthèmes à fleurs blanches, Cinéraires, Canna Indica, Dahlia, Datura arborea, Erica Boweana, cupressina, gracilis, hyemalis, ignescens, Linneana superba, monadelpha, mammosa coccinea, rosea, purpurea et verticillata, plumosa, regerminans, ventricosa porcellana, Erythrina crista-galli, Eucomis punctata, Ficoïdes, Fuchsia, Gloxinia, Geranium, Gladiolus, Giroflée grecque, Grenadiers, Hortensia, Héliotropes, Hibiscus Sinensis, Justicia, Jasmin d'Espagne, Jasmin jonquille, Lilium lancifolium, Lobelia fulgens, Lantana, Laurier-Tin, Mimosa, Matricaire mandiane, Myoporum parviflorum, Orangers, Œillets des fleuristes, Œillet de la Chine, Pervenches de Madagascar, Primevère de la Chine, Phlox, Phlomis leonurus, Rochea, Reine-Marguerite, Réséda, Rosiers, Stevia serrata, Sparmannia Africana, Siphocampylus bicolor, Salvia patens, Salvia fulgens, Tubéreuse odorante, Thunbergia alata, Volkameria Japonica, Veronica Andersonii, Verveines hybrides, Zinnia elegans.

OCTOBRE.

Dans la première quinzaine on rentre les plantes délicates, et dans la seconde seulement, les plus rustiques ; mais comme, à moins qu'il ne gèle, elles sont mieux dehors, quand on n'en possède pas un grand nombre, il vaut mieux attendre pour les rentrer que le temps soit à la gelée. Soit dans la serre, soit dans les appartements, il faut placer les plantes de manière qu'elles reçoivent le plus de lumière possible.

Donner beaucoup d'air pendant le jour, à moins que le temps ne soit par trop froid ; arroser modérément, car il faut toujours que les arrosements soient proportionnés à la végétation des plantes et à l'état de la température ; enfin entretenir les plantes dans un grand état de propreté au moyen de légers bassinages.

On continue la plantation des Narcisses, Jacinthes, Crocus et Tulipes hâtives, en ayant soin de choisir de préférence les oignons de forme régulière, bien fermes, ayant la partie inférieure, où naissent les racines, très-saine.

Semis. On sème en place : Adonide d'été, Centaurée bleuet, Clarkia pulchella, Collinsia bicolor, Coquelicot, Cynoglosse à feuille de lin, Gilia capitata, Julienne de Mahon, Nemophila insignis et maculata, Nigelles, Pavot, Pied d'alouette.

Floraison. Aster, Abutilon striatum, Ageratum Mexicanum, Bignonia Capensis, Bruyère du Cap, Coronilla glauca, Dahlia, Daphne, Erica Boweana, cupressina, hyemalis, Linneana superba, mammosa coccinea, rosea, purpurea et verticillata, pyrolæflora, ventricosa porcellana, Chrysanthème à fleurs blanches, Epacris, Erythrina crista-galli, Fuchsia, Grenadier, Geranium, Héliotrope, Jasmin d'Espagne, Jasmin jonquille, Justicia, Laurier-rose, Lantana, Laurier-Tin, Myoporum parviflorum, Œillet remontant, Oranger, Polygala speciosa, Phlomis leonurus, Pensée, Phlox, Réséda, Reine-Marguerite, Rosiers, Stevia serrata, Sedum Sieboldii, Salvia fulgens, Thlaspi vivace, Thunbergia alata, Veronica Andersonii, Verveines hybrides.

Vers la fin du mois, des Chrysanthèmes et quelques Camellia.

NOVEMBRE.

Excepté les Asters, les Chrysanthèmes et les Reines-Marguerites, qui peuvent encore rester dehors, l'état de la température ne permet plus de laisser les plantes en fleurs à l'air libre.

Pour conserver celles qu'on achète pendant l'hiver, il faut, si l'on n'a pas de serre, les placer dans l'endroit le plus éclairé de l'appartement; renouveler l'air dans le milieu de la journée; les arroser de manière que la terre soit toujours fraîche, sans être humide; que l'eau qu'on emploie pour les arrosemens soit, autant que possible, au même dégré de température que l'appartement. Enfin, indépendamment des arrosements, on bassine légèrement les plantes avec un arrosoir à pomme, de manière à ne jamais laisser s'attacher de poussière sur les feuilles; mais comme, malgré les plus grands soins, les plantes souffrent dans les appartements, il faut, si l'on tient à leur conservation, avoir des fenêtres à doubles châssis, entre lesquels on place ses plantes, ou bien encore une fenêtre-serre. On plante les derniers oignons à fleurs.

Après avoir labouré les plates-bandes et les

massifs, on plante les Giroflées jaunes et les fleurs semées en juin.

Semis. Dans les premiers jours du mois on peut encôre semer des Coquelicots, des Pavots et des Pieds d'alouette.

Floraison. Aster, Bruyère du Cap, Coronilla glauca, Camellia, Chrysanthème, Chrysanthème à fleurs blanches, Erica Boweana, gracilis, gracilis vernalis, ignescens, Linneana superba, mammosa rosea, coccinea, purpurea et verticillata, plumosa, pyrolæflora, Fuchsia, Grenadier, Geranium, Héliotrope du Pérou, Héliotrope d'hiver, Jacinthe, Justicia, Jasmin d'Espagne, Jasmin jonquille, Laurier-Tin, Narcisse de Constantinople, Œillet remontant, Polygala speciosa, Primevère de la Chine, Pensée, Réséda, Rosiers, Reine-Marguerite, Thlaspi vivace, Veronica Andersonii.

DÉCEMBRE.

Novembre a fait disparaître les dernières fleurs de la saison; les Chrysanthèmes, les Asters sont flétris et doivent rester jusqu'au printemps dépouillés de leur vert feuillage. Il n'y a plus dehors une seule plante qui verdoie, si ce n'est les rustiques arbres verts, sur lesquels la vue s'arrête encore avec complaisance et qui consolent de la rigueur des frimas.

Pour l'amateur vont commencer des difficultés sans nombre s'il veut conserver le petit nombre de végétaux qui ont réjoui ses regards pendant la belle saison et maintenir en santé celles qu'il achète en fleurs chez les horticulteurs. Ces dernières, sortant de serres dont la température est maintenue à un degré constant et entourées des soins les plus assidus, passant dans un milieu glacé, dont la température est variable, si elles ont bien passé le jour, grâce au feu des appareils de chauffage, se trouvent exposées, la nuit, à une transition brusque qui les fait souffrir pour les conduire à la mort.

Il leur faut d'abord de la lumière, puis une température égale, qui ne soit pas plus basse que 10° centigrades; des arrosements très-modérés et destinés seulement à maintenir l'humidité du sol, et des soins de propreté. On ôte les feuilles flétries et l'on entretient la liberté de végétation dont ces organes sont le siége par des bassinages légers. Ces soins, qui ne doivent jamais se ralentir, sont les seuls conditions qui permettent de s'occuper avec succès de la culture des plantes dans les appartements.

Semis. Arrivé à cette époque, il n'y a plus de semis à faire ; il est trop tard ou beaucoup trop tôt. Favorisées par l'humidité, quelques graines pourraient, il est vrai, encore germer, mais le jeune plant serait infailliblement détruit par la gelée.

Floraison. Bruyère du Cap, Cinéraires, Camellia, Chrysanthème, Chrysanthème à fleurs blanches, Cyclamen, Coronilla glauca, Daphne, Erica campanulata, gracilis, gracilis vernalis, hyemalis, ignescens, Linneana superba, Mediterranea, polytrichifolia, pyrolæflora, persoluta rubra, Epacris, Fuchsia, Gardenia florida, Geranium, Giroflée, Héliotrope du Pérou, Héliotrope d'hiver, Habrothamnus elegans, Justicia, Jasmin d'Espagne, Jasmin jonquille, Jacinthe, Laurier-Tin, Metrosideros lophanta, Narcisse de Constantinople, Œillet remontant, Primevère de la Chine, Pensée, Renoncule, Pivoine, Réséda, Rosiers, Thlaspi vivace, Violette de Parme.

CHAPITRE VII.

CULTURE (1).

Abutilon striatum. Plante ligneuse, à feuilles grandes, semblables à celles de toutes les Mauves, et à fleurs pendantes, en cloche, d'un beau jaune d'or strié de pourpre.

Culture. Terre de bruyère. Serre tempérée, où elle se fait remarquer par l'abondance de ses fleurs.

Achillée dorée. *Achillea aurea*. Plante vivace, de 50 centimètres; feuilles découpées, cotonneuses. De juillet en septembre, fleurs d'un jaune d'or, en corymbe lâche.

Achillée rose. *A. aspleniifolia*. Plante vivace, de 65 centimètres ; feuilles longues, étroites, dentées. Tout l'été, fleurs rouge aurore, en corymbe terminal.

Culture. Pleine terre ; tout terrain ; bien que rustiques, les Achillées réussissent mieux au soleil qu'à l'ombre.

Achimenes coccineum. Petite plante herbacée, à racines tuberculeuses, à feuilles ovales, dont les nervures sont rouges en dessous ; fleurs solitaires, d'un rouge écarlate très-vif.

(1) On peut, à défaut de recommandations particulières, semer en mars sur couche, ou en avril en pleine terre, toutes les plantes annuelles que nous indiquons de semer au printemps.

Achimenes roseum. Un peu plus grand dans toutes ses parties ; fleurs roses.

Achimenes longiflorum. Dimension plus grande encore ; fleurs bleues.

Achimenes grandiflorum. La hauteur de cette espèce est de 50 cent. Les feuilles sont ovales, ridées, rouges en dessous, et les fleurs d'un beau rose violacé.

Achimenes pedunculatum *ou Écarlate*. Grande plante atteignant 1 mètre de hauteur, à feuilles ovales, rudes, rouges en dessous ; fleurs portées sur un long pédoncule d'un beau rouge écarlate, ayant dans son intérieur de légers points d'un beau rouge sur fond jaune.

Culture. Les Achimenes sont des plantes de serre chaude, qu'on n'arrose que quand elles commencent à pousser et qu'on doit tenir au sec pendant l'hiver.

Aconitum napellus. *Aconit napel*. Plante vivace de 80 centimètres à 1 mètre et plus, à feuilles palmées ; fleurs grandes, les groupes dressés ayant la forme de deux casques posés l'un sur l'autre.

C'est de juin à juillet que ces plantes donnent leurs fleurs, qui varient, suivant les variétés, du bleu foncé au bleu tendre et au blanc.

Culture. Pleine terre ; tout terrain.

Acroclinium roseum. Plante annuelle, de 30 centimètres ; fleurs grandes, rose vif satiné ; très-florifère.

Culture. Pleine terre ; multiplication de graines semées sur couche en mars.

Les fleurs de l'Acroclinium roseum peuvent se conserver comme celles de l'Immortelle jaune.

Adonis æstivalis. *Adonide d'été.* Plante indigène, annuelle, d'environ 25 centimètres, donnant de juin en juillet de petites fleurs d'un rouge vif, avec une tache pourpre à la base de chaque pétale.

Culture. Pleine terre; multiplication de graines semées en place en septembre ou au printemps.

Agapanthus umbellatus. *Tubéreuse bleue.* Plante bulbeuse; feuilles longues, linéaires. En août, tige de 65 centimètres, terminée par une ombelle composée d'un grand nombre de fleurs bleues. — Variété à fleurs blanches.

Culture. Terre légère et substantielle, orangerie.

Ageratum Mexicanum. Plante annuelle, de 40 centimètres. Tout l'été et une partie de l'automne, fleurs bleues, en corymbe terminal.

Culture. Pleine terre; multiplication de graines semées au printemps.

Alaterne. *Rhamnus Alaternus.* Arbrisseau de 2 mètres et plus, toujours vert; feuilles ovales, dentées, d'un vert luisant. En avril, fleurs verdâtres, odorantes.

Culture. Pleine terre; tout terrain. L'Alaterne est un des arbres qui conviennent le mieux pour garnir les murs. Planté au midi il périt dans les hivers rigoureux; mais au nord il résiste aux plus fortes gelées.

Aloe fruticosa. *Aloès corne de bélier.* Plante semblable aux plantes grasses, à feuilles ramassées à la base en gouttière, aiguës au bout, à dents fortement prononcées, munies d'une pointe épineuse, renversées au dehors. Du centre se dresse une tige nue, au sommet de laquelle se développe un épi de fleurs en tube d'un rouge éclatant.

Aloe Socotrina. *Aloès socotrin, Aloès du commerce.* Feuilles droites, un peu vert de chou, garnies d'épines et à dentures blanches, fleurs rouges.

Aloe mitræformis. *A. mitré.* Feuilles aiguës, réunies en mitre, épineuses ; fleurs rouges.

Aloe lingua. *A. langue de chat.* Feuilles en forme de langue, tachées de blanc, garnies de verrues sur leurs bords ; fleurs en épi, rouges à la base et vertes au sommet.

Aloe variegata. *A. panaché, A. perroquet.* Tige très-basse ; feuilles épaisses, triangulaires, pointues, tachetées et bordées de blanc ; fleurs rouges, disposées en grappe.

Aloe margaritifera. *A. perlé.* Petite plante à feuilles triangulaires, pointues au sommet, couvertes de tubercules blancs, qui lui ont valu son nom, parce que ces verrues ressemblent à des perles ; fleurs en épi, verdâtres. Les feuilles seules font rechercher cette plante.

Aloe retusa. *A. pouce écrasé.* Petit, à feuilles courtes, épaisses, aplaties en dessus ; fleurs comme l'espèce précédente.

Aloe disticha. *A. bec de cane.* Feuilles en forme de bec de cane, quelquefois pourpres; fleurs rouges et poudrées à la base, blanches rayées de vert au sommet.

Aloe verrucosa. *A. verruqueux.* Feuilles en épis, couvertes de verrues; fleurs rouges.

Aloe arachnoides. *A. toile d'araignée.* Petit; feuilles couvertes de fils blancs très-nombreux; fleurs verdâtres.

Ce sont les principales et les plus communes variétés d'Aloès.

Culture. Terre sablonneuse ou de bruyère, serre tempérée, arrosements modérés en hiver.

Althæa frutex. *Ketmie des jardins.* Arbrisseau de 1 à 2 mètres; feuilles ovales à trois lobes. En août et septembre, fleurs rouges, pourpres violacées ou blanches, à onglet d'un rouge vif, simples ou doubles.

Culture. Pleine terre; tout terrain.

Alyssum maritimum. Plante annuelle, de 20 centimètres, Tout l'été et une partie de l'automne, fleurs blanches odorantes, en ombelles.

Culture. Pleine terre; multiplication de graines semées en place en septembre, au printemps, et successivement jusqu'en juillet.

Amarante à crête, Passe-velours, Célosie à crête. *Celosia cristata.* Plante annuelle, de 30 à 50 centimètres; fleurs très-petites, mais réunies en si grand nombre sur une tige aplatie en éventail et plissée symétriquement au sommet qu'on la prendrait pour un morceau de velours d'Utrecht ou de peluche. On en cultive deux variétés également jolies, l'une amarante et l'autre jaune d'or ; elles fleurissent en juillet et août.

Culture. L'Amarante à crête se multiplie de graines; mais l'amateur doit se borner à en acheter aux marchés des pieds soit en fleurs, soit en arrachis. Les soins qu'exigent ces plantes ne lui permettent guère d'en élever avec succès. La terre qui leur convient doit être légère et l'exposition chaude.

Amarante tricolore. *Amarantus tricolor.* Cette plante est une véritable Amarante; elle est annuelle; sa hauteur est de 50 à 80 centimètres. On la cultive pour les feuilles, qui sont ovales-aiguës, tachées de jaune, de vert et de rouge ; les fleurs sont vertes et peu apparentes; elles paraissent de juin en septembre.

Culture. Semer sur couche en mars ou avril et repiquer en mai.

Amarante à fleurs en queue, Queue de renard, Discipline de religieuse. *Amarantus caudatus.* Plante annuelle, s'élevant jusqu'à 1 mètre ; feuilles ovales, rougeâtres. De juin en septembre fleurs petites, en grappes serrées et pendantes. On en possède une variété à fleurs jaunes.

Culture. Pleine terre ; vient partout, ses ème d'elle-même.

Amarantoïde, Immortelle violette. *Gomphrena globosa.* Plante annuelle, de 30 à 40 centimètres. De mai en octobre, fleurs en têtes globuleuses, d'un beau rouge. — Variété à fleurs blanches.

Culture. Même culture que pour l'Amarante à crête.

Les fleurs d'Amarantoïde peuvent se conserver comme celles de l'Immortelle jaune.

Amaryllis reginæ. Plante bulbeuse; feuilles lancéolées; hampe de 55 centimètres. En mai et juin, fleurs campanulées, d'un beau rouge ponceau.

Culture. Terre franche mêlée de terre de bruyère, serre chaude.

Amaryllis belladona. *Amaryllis à fleurs roses.* Plante bulbeuse, dont l'oignon est très-gros; feuilles canaliculées, qui ne paraissent que longtemps après que les fleurs sont passées; hampe de 50 à 70 centimètres. De juillet en septembre, fleurs roses, semblables à celles du Lis blanc, odorantes.

Culture. Pleine terre légère, couverture l'hiver.

Amaryllis formosissima. *A. à fleurs en croix, Lis Saint-Jacques.* Plante bulbeuse; feuilles planes, linéaires; hampe de 20 centimètres. En juillet et août, fleurs d'un rouge écarlate très-foncé.

Amomum, Solanum pseudo-capiscum. Petit arbrisseau à feuilles lancéolées, persistantes. De juin en septembre, fleurs blanches en petites ombelles sessiles; fruit rouge de la grosseur d'une cerise.

Culture. Terre légère, orangerie; arrosements fréquents pendant l'été.

Anagallis grandiflora. Plante annuelle, de 30 centimètres. Tout l'été et une partie de l'automne fleurs, bleues, roses ou rouges.

Culture. Pleine terre ; multiplication de graines semées en septembre en pots que l'on hiverne sous châssis, ou au printemps.

Ancolie commune. *Aquilegia vulgaris.* Plante vivace, de 1 mètre ; feuilles triternées. En juin, fleurs doubles, de toutes nuances, bleu, blanc, rouge ou cramoisi, pendantes, terminales.

Ancolie du Canada. *A. Canadensis.* Plante vivace, de 33 centimètres ; feuilles plus petites que celles de l'espèce précédente. En avril et mai, fleurs pendantes, solitaires, d'un beau rouge safran.

Culture. Pleine terre, exposition ombragée ; multiplication de graines qu'on sème au printemps, ou bien en séparant le pied, à l'automne dans les terrains secs, et au printemps dans les terrains humides.

Anémone des fleuristes. *Anemone coronaria.* Plante vivace, de 20 à 25 centimètres ; feuilles radicales, ternées, plus ou moins découpées. En avril et mai, fleurs grandes, simples, semi-doubles ou doubles, de toutes couleurs.

Culture. Pleine terre. On plante les Anémones en décembre, ou bien en février ou mars, à environ 5 centimètres de profondeur. On retire les tubercules après que les feuilles sont sèches, et on les replante l'année suivante.

Celles qu'on trouve en pots sur les marchés sont relevées de pleine terre.

Anémone du Japon. *A. Japonica.* Plante vivace, herbacée, de 40 à 50 centimètres ; feuilles trilobées. D'août en octobre, fleurs semi-doubles, d'un rose pourpre.

Culture. Pleine terre; tout terrain.

Aristoloche à grandes feuilles. *Aristolochia sipho.* Arbrisseau grimpant; feuilles cordiformes, de grande dimension. En mai et juin, fleurs verdâtres, veinées et ponctuées de brun, en forme de pipe.

Culture. Pleine terre; tout terrain. Comme cette plante reprend avec difficulté, il faut planter de préférence des individus élevés en pot. (Propre à garnir les treillages et les berceaux.)

Arum d'Éthiopie, Pied de veau. *Calla Æthiopica.* Belle plante vivace, à fleurs blanches, odorantes, en forme de cornet, que l'on peut cultiver dans les appartements ou dans une pièce d'eau, comme plante aquatique.

Culture. Terre légère, constamment humide pendant l'été.

Asclepias Curassavica. Plante vivace qu'on cultive comme annuelle; feuilles oblongues, lancéolées. De juin en septembre, fleurs d'un jaune orange, en ombelles droites.

Culture. Terre légère; multiplication de graines qu'on sème sur couche en février ou mars.

Aspérule odorante, Petit Muguet. *Asperula odorata.* Plante vivace, de 20 centimètres; feuilles verticillées. En avril et mai, fleurs blanches, odorantes, en corymbe.

Culture. Pleine terre; tout terrain. (Propre aux bordures.)

Aster Alpinus. *Astère des Alpes.* Plante vivace, de 25 à 30 centimètres; feuilles spatulées. En juillet et août, fleurs terminales, bleu violacé, à disque jaune. — Variété à fleurs blanches.

Aster amellus. *A. Œil de Christ.* Plante vivace, de 40 centimètres; feuilles oblongues lancéolées. En août et septembre, fleurs en corymbe d'un beau blanc, à disque jaune.

Aster bicolor. *A. de deux couleurs.* Plante vivace, de 33 centimètres; feuilles lancéolées. En septembre et octobre, fleurs blanches, légèrement teintées de violet.

Aster grandiflorus. *A. à grandes feuilles.* Plante vivace, de 65 centimètres; feuilles petites, oblongues. En novembre, fleurs solitaires d'un bleu pourpre.

Aster horizontalis, A. pendula. Plante vivace, de 65 centimètres; feuilles petites, étroites. En octobre, fleurs très-nombreuses, petites, d'un blanc purpurin, couvrant les rameaux.

Aster puniceus. *A. rose.* Plante vivace, à tiges plus ou moins élevées; feuilles lancéolées. En septembre et octobre, fleurs grandes, d'un rose violacé.

Aster Reversii. *A. de Révers.* Plante vivace, de 25 à 30 centimètres; feuilles étroites. En septembre et octobre, fleurs petites, blanc carné, couvrant toute la plante.

Aubergine blanche, Poule pondeuse, Plante aux œufs. *Solanum Melongena ovifera.* Plante annuelle, de 30 à 40 centimètres; fleurs blanches; fruits d'un blanc luisant, semblables à un œuf de poule.

Culture. On sème l'Aubergine blanche en février ou mars, sur couche, et on repique le plant en pot dans du terreau.

Aucuba Japonica. Arbrisseau de 1 mètre à 1 mètre 30 cent., cultivé pour la beauté de son feuillage; feuilles persistantes, grandes, ovales, d'un beau vert luisant, marbrées et panachées de jaune. En avril, fleurs petites, brunes, en panicules terminales.

Culture. Pleine terre; expos. légèrement ombragée.

Azalea de pleine terre. Les Azalées de pleine terre sont des arbustes à feuilles caduques qui fleurissent au printemps. On en cultive un grand nombre de variétés, qui toutes se rapportent aux espèces suivantes :

Azalea nudiflora. Fleurs blanches, rouges ou roses, un peu velues, imitant celles du Chèvrefeuille.

Azalea viscosa. Fleurs blanches, velues, visqueuses, odorantes, en ombelles terminales.

Azalea Pontica. Fleurs jaunes, assez grandes, en grappes terminales.

Culture. Pleine te re de bruyère. Comme celles qu'on trouve sur les marchés sont en pot, il faut, après la floraison, les mettre en pleine terre, à une exposition ombragée.

Azalée de l'Inde. Les *Azalea Indica* sont à feuilles persistantes; elles fleurissent au printemps, comme celles de pleine terre.

L'*Azalea liliiflora*, à fleurs blanches, l'*Alzalea Phœnicea*, à fleurs d'un pourpre violacé, et l'*Alzalea Smithii*, à fleurs coccinées, sont les principales variétés de l'Azalée de l'Inde qu'on trouve sur les marchés.

Culture. Terre de bruyère; serre tempérée pendant l'hiver.

Balsamine des jardins. *Impatiens Balsamina.* Plante annuelle, à tige succulente. De juillet en octobre, fleurs blanches, rouges, roses ou violettes, unicolores ou ponctuées, suivant la variété.

Culture. Pleine terre; multipl. de graines semées sur couche en mars ou en pleine terre en avril.

Bartonia aurea. Plante annuelle, de 60 centimètres; fleurs d'un beau jaune, en juillet et août.

Culture. Pleine terre; multiplication de graines semées en place en avril et mai.

Basilic commun. *Ocymum basilicum.* Plante annuelle, peu élevée; feuilles ovales, vertes ou violettes, très-odorantes; fleurs blanches tout l'été.

Culture. On sème le Basilic sur couche en mars, et on repique le plant en pot dans du terreau.

Belle-de-jour. *Convolvulus tricolor.* Plante annuelle, à tiges rampantes, Pendant tout l'été, fleurs solitaires, très-nombreuses, d'un beau bleu sur leurs bords, blanches au milieu, jaunes dans le centre. — Variétés à fleurs blanches et à fleurs panachées.

Culture. Pleine terre; multiplication de graines qu'on sème en place en mars ou avril. (Propre aux bordures.)

Belle de nuit, Faux Jalap. *Mirabilis Jalapa.* Plante vivace. de 65 centimètres, qu'on peut cultiver comme annuelle. De juillet en septembre, fleurs rouges, jaunes ou panachées, en bouquets axillaires et terminaux.

Culture. Pleine terre; multiplication de graines qu'on sème en place en avril; ou bien on plante à la même époque des racines de l'année précédente, que l'on conserve à la cave.

Begonia. Les Begonia sont généralement remarquables par la beauté de leur feuillage; les fleurs, quelle qu'en soit la couleur, sont toutes élégantes, et il n'est véritablement pas de plantes qui conviennent mieux que les Begonia pour garnir les appartements.

Culture. Terre de bruyère mélangée de terreau; serre tempérée.

Bignonia Capensis. Arbrisseau de 40 à 50 centimètres; feuilles ailées, à folioles ovales, arrondies et dentées. D'août en octobre, fleurs rouge cocciné, en grappes terminales.

Culture. Terre légère; serre tempérée.

Bois joli, Bois gentil. *Daphne mezereum.* Arbuste

de forme arrondie, dont les fleurs s'épanouissent, avant le développement des feuilles, en février ou mars; fleurs sessiles, roses, violacées ou blanches.

Culture. Pleine terre ; exposition légèrement ombragée.

Boule de neige. *Viburnum Opulus.* Arbrisseau très-remarquable pour la beauté de ses fleurs; feuilles cordiformes, dentées, cotonneuses. En juillet, fleurs blanches en ombelles corymbiformes.

Culture. Pleine terre légère et fraiche. On trouve sur les marchés des Boules de neige élevées en panier; en les plantant avec le panier, et en les arrosant immédiatement, elles ne souffrent pas de la transplantation.

Boussingaultia baselloides. Plante grimpante, à racine tuberculeuse; feuilles cordiformes. En septembre et octobre, fleurs blanches, odorantes, en long épi.

Culture. Pleine terre en été, avec couverture l'hiver, ou, ce qui vaut mieux, car souvent les tubercules pourrissent en terre, on les relève en automne et on les conserve dans l'orangerie. (Propre à garnir les fenêtres et les treillages.)

Bouton d'or, Renoncule rampante. *Ranunculus repens.* Plante vivace, à tiges rampantes; feuilles palmées. En mai, fleurs doubles, terminales, d'un beau jaune.

Bouton d'argent, Renoncule à feuilles d'Aconit. *Ranunculus aconitifolia.* Plante vivace, à tiges rampantes; feuilles palmées. En mai et juin, fleurs doubles, blanches, terminales.

On cultive aussi sous le nom de Bouton d'argent l'*Achillée sternutatoire*, *Achillea ptarmica*, plante vivace, de 70 centimètres. De juillet en septembre, fleurs doubles, blanches, en corymbe lâche.

Culture. Pleine terre; tout terrain; exposition ombragée.

Brachycome iberidifolia. Plante annuelle, de 40 centimètres. Tout l'été, fleurs bleues ou blanches, semblables à celles de la Cinéraire.

Culture. Pleine terre; multipl. de graines semées en septembre en pots, que l'on hiverne sous châssis, au printemps et successivement jusqu'en juillet.

Bruyère du Cap. *Phylica ericoïdes*. Arbuste toujours vert, qu'on élève à tige et en boule; feuilles nombreuses, linéaires, pointues, d'un vert foncé. De septembre en mars, fleurs petites, blanches, odorantes, en têtes terminales.

Culture. Terre de bruyère; serre tempérée; arrosements fréquents pendant l'été.

Buisson ardent. *Cratægus pyracantha*. Arbrisseau en forme de buisson, garni d'épines très-piquantes; feuilles ovales, lancéolées, persistantes. En mai, fleurs, blanches, disposées en corymbes axillaires; fruits nombreux, d'un rouge de feu.

Culture. Pleine terre; tout terrain.

Cacalia sonchifolia. Plante annuelle, de 40 centimètres. De juillet en septembre, fleurs terminales, rouges, orange ou jaunes.

Culture. Pleine terre ; multiplication de graines semées en place au printemps.

Cactus serpentaire. *Cereus flagelliformis.* Plante grasse, à tiges cylindriques, à huit ou dix angles peu apparents; fleurs sessiles, d'un rose vif.

Cactus speciosissimus. Plante grasse, à tiges épineuses, à trois et quatre angles ; fleurs latérales magnifiques, d'un beau rouge à reflets violets.

Cactus Epiphyllum speciosum. Plante grasse, à tiges plates, articulées, très-rameuses ; fleurs nombreuses, d'un très-beau rouge.

Cactus Epiphyllum Akermanni. Plante grasse, à tiges plates, articulées et rameuses ; fleurs grandes, d'un rouge vif, naissant de chaque côté des tiges.

Cactus Echinocactus sulcatus. Plante grasse, globuleuse ; à douze ou quinze angles garnis d'épines courtes, noirâtres ; fleurs blanches, longues d'environ 2 centimètres, à odeur de fleur d'Oranger.

Cactus Opuntia, Ficus Indica. *Figuier d'Inde, Semelle du pape.* Plante grasse, composée d'articulations ovales, aplaties, chargées d'épines sétacées ; fleurs jaunes, sessiles ; fruits rouges, oblongs, bons à manger.

Culture. Terre franche, mêlée de terre de bruyère ; serre tempérée. — En été on peut, contrairement à ce que beaucoup de personnes disent, arroser les Cactus comme toutes les autres plantes ; seulement pendant l'hiver il ne faut leur donner de l'eau que quand ils commencent à se flétrir par suite de la sécheresse de la terre. Comme toutes les plantes grasses les Cactus peuvent rester longtemps dans le même pot, et lorsqu'on les rempote il ne faut pas les mettre trop grandement.

Calandrinia grandiflora. Plante annuelle, de 60 centimètre; fleurs roses tout l'été.

Culture. Pleine terre; multiplication de graines semées en avril et mai.

Calcéolaires. Plantes herbacées, de serre tempérée, que l'on cultive comme plantes annuelles; feuilles radicales, oblongues et dentées; tiges annuelles, de 30 à 40 centimètres. D'avril en juin, fleurs en forme de sabot, de couleur jaune, pourpre, cramoisi, rose ou fond blanc, maculées, ponctuées ou striées de la manière la plus capricieuse.

Culture. On cultive les Calcéolaires dans un mélange composé de terreau de feuilles, de terre de bruyère et de terre franche. On les multiplie de graines qu'on sème en août; mais, comme le semis exige des soins multipliés, il est préférable d'acheter au printemps du plant tout élevé.

En sortant de la serre il faut placer les Calcéolaires à une exposition ombragée, et pendant l'été leur donner de fréquents bassinages.

Camellia Japonica. *Rose du Japon.* Les Camellia sont des arbrisseaux qui acquièrent jusqu'à 10 et 12 mètres dans leur pays natal. Feuilles persistantes, ovales, pointues, dentées, d'un beau vert foncé et luisantes. Pendant tout l'hiver, fleurs blanches, roses, rouges ou panachées.

Culture. Terre de bruyère; serre tempérée. Pour

cultiver les Camellia avec succès il faut une serre bien éclairée. Pendant l'été on les place dans un endroit aéré, à l'abri des rayons du soleil de midi, et on les arrose assez fréquemment.

On les remporte après la floraison, ce qui toutefois ne doit avoir lieu que quand la force des plantes exige qu'on leur donne des pots plus grands.

On les rentre avant les grandes pluies de l'automne, et pendant leur séjour dans la serre on renouvelle l'air toutes les fois que le temps le permet ; puis on les arrose au besoin, c'est-à-dire de manière que la terre soit toujours fraîche.

Campanule des jardins. *Campanula persicifolia.* Plante vivace, haute de 65 centimètres ; feuilles oblongues, semblables à celles du Pêcher. De juin en septembre, fleurs simples ou doubles, bleues ou blanches, en épis lâches et terminaux.

Campanule à grosses fleurs, Violette marine. *C. medium.* Plante bisannuelle, de 65 centimètres ; feuilles oblongues, légèrement crénelées. De juin en septembre, fleurs bleues ou blanches, simples ou doubles.

Campanule à fleurs en tête. *C. glomerata.* Plante vivace, de 33 centimètres ; feuilles cordiformes, crénelées, velues. Tout l'été, fleurs bleues ou blanches, en faisceau terminal.

Campanule à feuilles en cœur. *C. Carpathica.* Plante vivace, formant une large touffe peu élevée ; feuilles cordiformes, dentées. De juin en août, fleurs d'un beau bleu. — Variété à fleurs blanches.

Campanule pyramidale. *C. pyramidalis.* Plante bisannuelle, de 1 mètre 30 cent. à 1 mètre 50 cent.; feuilles cordiformes. De juillet en septembre, fleurs bleues ou blanches.

Cultivée en pot, la Campanule pyramidale peut pendant l'été servir à orner les appartements.

Campanule doucettes, Miroir de Vénus. *C. Speculum.* Plante annuelle, de 20 à 25 centimètres. En juin et juillet, fleurs terminales, d'un beau violet. — Variété à fleurs blanches. (Propre aux bordures.)

Culture. Pleine terre; multiplication de graines semées en place en septembre ou au printemps.

Canna Indica. *Balisier de l'Inde.* Plante vivace, à racine tubéreuse, de 1 à 2 mètres; feuilles ovales, longues de 50 centimètres, larges de 22. Tout l'été fleurs rouges, en épi droit, et terminales.

Culture. On plante les Canna en mai, en pleine terre. Pendant l'été on les arrose abondamment, et on relève les touffes en automne pour les conserver, comme les Dahlia, dans l'orangerie ou dans une cave bien sèche.

Cantua picta. *Ipomopsis elegans.* Plante bisannuelle, de 1 mètre à 1 mètre 30 centimètres; feuilles pinnafitides, à folioles linéaires. En août et septembre, fleurs rouges, coccinées, formant une longue grappe.

Culture. Pleine terre; multiplication de graines semées en septembre en pots, que l'on hiverne sous châssis.

Capucine grande. *Tropæolum majus*. Plante annuelle, grimpante; feuilles ombiliquées, à cinq lobes. Tout l'été, fleurs axillaires jaune orangé ou pourpre.

Culture. Pleine terre; multiplication de graines qu'on sème en place en avril. (Propre à garnir les treillages et les berceaux.)

Capucine à fleurs doubles. *T. flore pleno*. Variété de la précédente. Tiges droites, non grimpantes; feuilles plus petites que celles de la Capucine grande; fleurs jaunes très-doubles.

Culture. Terre légère; serre chaude pendant l'hiver; multiplication de boutures.

Capucine tricolore. *T. tricolor*. Plante vivace, grimpante, à racine tubéreuse; tige filiforme, qu'on dirige sur de petits appareils en fil de fer, que l'on peut placer dans les appartements; feuilles à cinq lobes, proportionnées à la grosseur des tiges. Au printemps, fleurs solitaires très-nombreuses, calice rouge feu bordé de violet foncé, pétales jaunes.

On cultive dans le même but le *Tropæolum pentaphyllum*, espèce plus vigoureuse que les précédentes.

Culture. Terre de bruyère; serre tempérée. Comme la tige de ces Capucines est annuelle, il faut, lorsqu'elles sont sèches, suspendre les arrosements, ou bien relever les tubercules pour les conserver, dans de la mousse sèche, jusqu'en octobre ou novembre, époque à laquelle ils commencent à végéter.

Cèdre de Virginie. *Juniperus Virginiana*. Arbre

vert que l'on peut cultiver en pot pendant sa jeunesse. Son port et la beauté de son feuillage le rendent très-convenable pour garnir les vases.

Centaurée bleuet. *Centaurea cyanus.* Plante annuelle, de 90 centimètres Tout l'été, fleurs de toutes couleurs, excepté le jaune, semblables à celles du Bleuet des blés.

Culture. Pleine terre; multiplication de graines semées en place en septembre, ou au printemps.

Centranthus macrosiphon. Plante annuelle, de 50 centimètres. Tout l'été et une partie de l'automne, fleurs rouges, roses ou blanches, en corymbes.

Culture. Pleine terre; multiplication de graines semées en septembre, au printemps, et successivement jusqu'en juillet.

Chamærops humilis. *Palmier nain.* Le Chamærops humilis est le plus rustique de tous les Palmiers; il est remarquable par ses larges feuilles en éventail et produit un bel effet dans les vases d'appartement.

Culture. Terre de bruyère, orangerie.

Chelone barbata. *Galane barbue.* Plante vivace, de 65 centimètres; feuilles lancéolées ou spatulées De juin en octobre, fleurs en grappe, rouge écarlate

Culture. Pleine terre légère; couverture l'hiver.

Chèvrefeuille des jardins. *Lonicera Caprifolium,* Arbuste grimpant, qu'on peut élever à tige et en boule; feuilles ovales-oblongues, d'un vert glauque en dessous. En mai et juin, fleurs très-odorantes, plus ou moins rouges en dehors, en bouquets, verticillées.

Chèvrefeuille de Virginie. *L. sempervirens.* Espèce à feuilles persistantes, qu'on peut également tailler en boule. De mai en août, fleurs jaunes en dedans, d'un vif écarlate en dehors.

Culture. Pleine terre ; tout terrain. Tous les Chèvrefeuilles peuvent être cultivés avec avantage pour garnir les treillages et les berceaux.

Chironia linifolia. Plante de 20 centimètres; feuilles linéaires, étroites, d'un vert glauque. De juin en octobre, fleurs rose-pourpré, terminales.

Culture. Terre de bruyère ; serre tempérée.

Chorozema ilicifolium. Arbuste de la Nouvelle-Hollande, à feuilles persistantes ; de mai en septembre, fleurs semblables à celles des Pois, en grappes, jaunes, lavées de rouge vif.

Culture. Terre de bruyère, serre tempérée.

Chrysanthème à grandes fleurs. *Chrysanthemum Indicum.* Plante vivace, de 65 centimètres à 1 mètre 30 centimètre ; feuilles découpées .D'octobre en janvier, fleurs de toutes nuances de pourpre, de blanc et de jaune, suivant les variétés, qui sont très-nombreuses.

Culture. Pleine terre ; tout terrain ; multiplication de boutures ou d'éclats, en avril, qu'on plante en pleine terre ou en pots.

Chrysanthème à fleurs blanches. *C. frutescens.* Arbrisseau de 50 centimètres, toujours vert ; feuilles pennées, incisées ; fleurs blanches, terminales, se succédant une grande partie de l'année.

Culture. Pleine terre pendant l'été, orangerie pendant l'hiver.

Chrysanthème à carène. *C. carinatum.* Plante annuelle, de 50 centimètres. De juillet en septembre, fleurs jaunes, à disque brun.

Culture. Pleine terre; multiplication de graines semées au printemps et successivement jusqu'en juillet.

Cinéraires. Plantes herbacées, rameuses; feuilles cordiformes, entières ou lobées. De février en mai, fleurs en corymbe, blanches, pourpre, lilas, roses ou bleues, unicolores ou teintées de couleurs qui tranchent sur le fond.

Culture. On cultive les Cinéraires dans la terre de bruyère, ou mieux dans un mélange composé de terre de bruyère, de terre franche et de terreau.

Multiplication de graines semées en juillet et août.

Cistus purpureus. Arbrisseau de 40 à 50 centimètres; feuilles lancéolées, pointues, d'un vert terne, En juin et juillet, fleurs grandes, simples, d'un beau rouge, avec une tache d'un pourpre foncé à la base des pétales.

Culture. Terre de bruyère; orangerie.

Clarkia elegans. Plante annuelle, de 60 centimètres. Tout l'été, fleurs roses, lilas ou carnées, à pétales entiers.

Culture. Pleine terre; multiplication de graines semées en place au printemps.

Clarkia pulchella. Plante annuelle de 40 à 50 centimètres. Tout l'été et une partie de l'automne, fleurs roses ou blanches, terminales, à pétales en croix.

Culture. Pleine terre; multiplication de graines semées en place en septembre ou au printemps et successivement jusqu'en juillet.

Clématite odorante. *Clematis flammula.* Arbrisseau grimpant, à feuilles pennées. En août, fleurs blanches odorantes, en panicule terminale.

Culture. Pleine terre, tout terrain. Bien que les tiges soient ligneuses, on les coupe chaque année en automne. (Propre à garnir les fenêtres et les treillages.)

La *Clématite azurée* et la *Clématite bicolore* sont deux plantes grimpantes, à feuilles ternées et triternées. La première donne en mai des fleurs d'un beau bleu; la seconde fleurit en juin. Toutes les deux peuvent être cultivées en pleine terre.

Clianthus puniceus. Arbrisseau d'une végétation très-vigoureuse; feuilles ailées. En mai et juin, fleurs en grappe axillaire et pendante, d'un beau rouge pourpre.

Culture. Terre de bruyère; serre tempérée ou pleine terre au midi avec couverture l'hiver.

Cobæa scandens. Plante vivace, que l'on cultive comme plante annuelle.

Pendant tout l'été, fleurs grandes, campanulées, d'un violet foncé.

Culture. Pleine terre; multiplication de graines semées en mars. Comme ces graines doivent être nécessairement semées sur couche, il est plus simple d'acheter au printemps de jeunes Cobæa élevés en pot. (Propre à garnir les fenêtres et les treillages.)

Collinsia bicolor. Plante annuelle, de 20 à 30 centimètres ; feuilles ovales-oblongues. En juin et juillet, fleurs axillaires, blanches et roses violacées.

Culture. Pleine terre ; multiplication de graines semées en place en septembre, au printemps, et successivement jusqu'en juillet. (Propre aux bordures.)

Convolvulus cneorum. *Liseron argenté.* Arbuste de 65 centimètres, toujours vert ; feuilles lancéolées, couvertes d'un duvet argenté. Tout l'été, fleurs blanches, en ombelle terminale.

Culture. Terre de bruyère, orangerie.

Coquelicot. *Papaver rhæas.* Plante annuelle, de 50 centimètres. En juin et juillet, fleurs doubles, rouges, unicolores ou bordées de blanc.

Culture. Pleine terre ; multiplication de graines semées en place en automne ou au printemps.

Coquelourde des jardins. *Agrostemma coronaria.* Plante bisannuelle, de 50 centimètres ; feuilles oblongues, cotonneuses. De juin en septembre, fleurs simples ou doubles, roses, rouges ou blanches, en forme de petit Œillet.

Culture. Pleine terre, tout terrain. Multiplication de graines semées en juin.

Corbeille d'or. *Alyssum saxatile.* Plante vivace formant de larges touffes peu élevées ; feuilles lancéolées, blanchâtres. En avril et mai, fleurs jaunes en grappes terminales.

Culture. Pleine terre, tout terrain. (Propre à garnir les vases et à faire des bordures.)

Corchorus Japonica. Arbrisseau de 1 à 2 mètres; feuilles ovales-aiguës, crénelées. D'avril en juin, fleurs nombreuses très-doubles et d'un beau jaune.

Culture. Pleine terre légère et fraiche, exposition légèrement ombragée.

Indépendamment des Corchorus que l'on vend, en automne, sur le marché aux arbres, on en trouve qui sont élevés en pot ou en panier, que l'on peut planter en tout temps.

Coreopsis delphinifolia. Plante annuelle, de 50 centimètres. De juin en octobre, fleurs terminales, jaunes ou pourpres.

Culture. Pleine terre; multiplication de graines qu'on sème en septembre ou bien en février et mars.

Coronilla glauca. Arbrisseau de 1 mètre, presque toujours couvert de fleurs; feuilles composées, d'un vert glauque; fleurs jaunes, en couronne

Culture. Terre légère, orangerie.

Correa speciosa. Arbuste de 40 à 50 centimètres; feuilles ovales, oblongues. D'avril en juin, fleurs tubulées, rouge vif, à limbe vert.

Culture. Terre de bruyère, orangerie.

Courges, Calebasses. Plantes rampantes, dont les tiges sont fort longues. On cultive un grand nombre de variétés de Courges. Les unes, connues sous le nom de *Coloquintes*, donnent des fruits sphériques de la grosseur d'une Orange ou en forme de Poire. Celles nommées *Gourdes de pèlerin* produisent des fruits qui servent de bouteilles aux voyageurs. Enfin la *Courge massue*, la *Courge siphon*, le *Concombre serpent*, le *Concombre des prophètes* et le *Concombre métulifère* sont des plantes que l'on cultive également pour la forme curieuse de leurs fruits.

Culture. Pleine terre à bonne exposition; multiplication de graines semées en mars sur couche, ou en mai immédiatement en place.

Pour obtenir une végétation plus vigoureuse, on fait ordinairement un bon trou que l'on remplit de fumier; on place la terre provenant du trou sur le fumier, et l'on fait un bassin, au centre duquel on plante ou l'on sème ses graines de Courges.

(Toutes les Courges peuvent être cultivées comme plantes grimpantes pour garnir les treillages et les berceaux.)

Couronne impériale. *Fritillaria imperialis*. Plante bulbeuse, à feuilles lancéolées; tige simple, de 1 mètre, terminée par un faisceau de feuilles. En mars et avril, fleurs pendantes, rouges ou jaunes, simples ou doubles, disposées en couronnes.

Culture. On plante les oignons de Couronne impériale en août, en pleine terre, à environ 12 centimètres de profondeur, et on les relève tous les trois ou quatre ans pour enlever les caïeux.

Crässula coccinea. *Crassule écarlate*. Plante

grasse, à tiges cylindriques; feuilles ovales, ciliées. En juillet et août, fleurs tubulées, d'un rouge écarlate, en faisceau terminal.

Crassula lucida. Tiges nombreuses, formant une belle touffe de verdure; feuilles cordiformes, crénelées. En juillet et août, fleurs blanches teintées de rose, en corymbe paniculé.

Culture. Terre de bruyère, serre tempérée; arrosements modérés en hiver. (Propre à garnir les suspensions.)

Crépide rose. *Borkhausia rubra.* Plante annuelle, de 20 à 30 centimètres. En juin et juillet, fleurs terminales, d'un rose tendre — Variété à fleurs blanches.

Culture. Pleine terre, multiplication de graines semées en place en septembre, au printemps et successivement jusqu'en juillet. (Propre aux bordures.)

Crinum Americanum. Plante bulbeuse, de 50 centimètres, formée de longues feuilles canaliculées, et terminées en juillet et août par une ombelle de fleurs blanches odorantes.

Crinum amabile. Plante bulbeuse, plus élevée que la précédente; feuilles également canaliculées. De mars en juillet, et quelquefois en septembre et octobre, fleurs rouges très-odorantes.

Culture. Terre de bruyère, serre chaude.

Crocus de Hollande, Safran printannier. *Crocus vernus.* Plante bulbeuse, de 10 centimètres; feuilles radicales, étroites, linéaires. En février et mars, fleurs jaunes, bleues, blanc pur ou blanches rayées de violet, selon les variétés, qui sont très-nombreuses.

Culture. On plante les Crocus en octobre, en pleine terre ou en pot, en terre légère, ou tout simplement dans de la mousse fraiche. (Propres à faire des bordures.)

Croix de Jérusalem. *Lychnis Chalcedónica.* Plante vivace, de 1 mètre; feuilles ovales, lancéolées, dentées. En juin et juillet, fleurs en cimes, d'un rouge écarlate. — Variété à fleurs blanches.

Culture. Pleine terre, tout terrain.

Cuphea miniata. Charmant petit arbuste à feuilles ovales. Tout l'été, fleurs nombreuses, d'un rouge vermillon, à calice brun violacé.

Culture. Terre légère, serre tempérée.

Cuphea silicoides. Plante annuelle, de 30 centimètres. Tout l'été, fleurs tubuleuses, pourpre nuancé de blanc.

Culture. Pleine terre; multiplication de graines semées en septembre en pots que l'on hiverne sous châssis, ou au printemps.

Cynoglosse à feuilles de lin. *Cynoglossum linifolium.* Plante annuelle, de 33 centimètres. De juin en août, fleurs blanches en panicule terminale.

Culture. Pleine terre; multiplication de graines semées en place en automne ou au printemps. (Propre aux bordures.)

Cynoglosse printanière. *C. omphalodes.* Plante vivace, de 15 centimètres; feuilles persistantes, ovales, pointues. De mars en mai, fleurs terminales d'un beau bleu, avec des raies blanches.

Culture. Pleine terre, exposition un peu fraiche.

Cyclamen d'Alep. *C. Persicum.* Plante vivace à racine tubéreuse; feuilles radicales, cordiformes, panachées de vert et de blanc, rougeâtres en-dessous; fleurs blanches, roses ou rouges, très-odorantes.

Les Cyclamen commencent à fleurir en décembre, et, lorsque le tubercule est fort, la même plante donne des fleurs pendant trois et quatre mois.

Culture. Terre de bruyère, serre tempérée. Comme ces plantes perdent leurs feuilles chaque année, il faut, après la floraison, suspendre les arrosements, et conserver les tubercules dans la terre sèche jusqu'au moment où ils commencent à végéter.

Dahlia. Plante vivace, à racine tubéreuse; tiges herbacées, de 65 centimètres à 2 mètres; feuilles ailées à folioles dentées. Depuis le mois de juin jusqu'aux gelées, fleurs blanches, jaunes, roses, pourpres, et passant de ces couleurs à leurs nuances les plus délicates ou les plus foncées.

Culture. Pleine terre, tout terrain; on plante les Dahlia en mai, et vers la fin d'octobre ou au commencement de novembre, enfin dès les premières gelées, on coupe les tiges, et on arrache les tubercules, que l'on dépose dans une cave bien sèche ou tout autre lieu où la gelée ne puisse pas pénétrer.

Daphne Indica. Arbuste toujours vert, à feuilles

oblongues, d'un vert tendre. En février et mars, fleurs blanches, odorantes, en ombelles terminales.

Daphné Dauphin. Feuilles persistantes, oblongues, d'un vert foncé. De novembre en avril, fleurs rouge violacé, odorantes.

Culture. Terre de bruyère; serre tempérée.

Daphne thymele. Tiges rampantes; feuilles linéaires, spatulées. En avril et mai, fleurs roses, odorantes, en ombelles terminales.

Culture. Pleine terre de bruyère, fraiche et au nord.

Dattier. *Phœnix dactylifera.* Bel arbre à feuilles ailées, toujours vert, que l'on peut conserver dans les appartements pendant une bonne partie de l'année; il convient d'autant mieux pour garnir les appartements qu'il végète très-lentement, surtout cultivé en pot.

Culture. Terre de bruyère; orangerie.

Datura arborea. *Datura en arbre.* Bel arbrisseau de 1 à 2 mètres; feuilles ovales, lancéolées. De juillet en octobre, fleurs blanches, en cornets, de 33 centimètres environ de longueur, très-odorantes. — Variété à fleurs rouges.

Culture. Terre légère, orangerie. Pour avoir cette plante dans toute sa beauté, il faut la mettre en pleine terre pendant l'été.

Datura fastuosa. *Stramoine fastueuse.* Plante annuelle, de 70 centimètres. De juillet en octobre, fleurs simples ou doubles, d'un blanc violâtre. — Variété à fleurs blanches, également simples ou doubles.

Datura cerataucola. *Stramoine cornue.* Annuel comme le précédent. De juillet en octobre, fleurs blanches légèrement teintées de violet, odorantes.

Culture. Pleine terre; multiplication de graines semées sur couches en mars, ou en pleine terre en avril.

Delairea odorata. Plante grimpante, à feuilles anguleuses, assez semblables à celles du Lierre, fleurs jaunes en corymbe.

Culture. Pleine terre pendant l'été; orangerie en hiver. (Propre à garnir les fenêtres, les treillages et les suspensions.)

Delphinium azureum. Plante vivace, de 50 centimètres à 1 mètre; feuilles très-découpées, d'un vert glauque. En juin et juillet, fleurs simples ou doubles, d'un bleu d'azur, en longs épis terminaux.

Culture. Pleine terre, légère, un peu fraiche.

Dielytra spectabilis. Plante vivace, de 50 centimètres; feuilles découpées, semblables à celles de la Pivoine en arbre. En mai, fleurs en longues grappes d'un beau rose.

Culture. Pleine terre, à l'abri des gelées de printemps.

Digitale pourpre. *Digitalis purpurea.* Plante bisannuelle, de 50 centimètres à 1 mètre; feuilles ovales, lancéolées, blanchâtres et cotonneuses. En juillet et août, fleurs pourpres, roses ou blanches, pendantes, en épi terminal.

Culture. Pleine terre; tout terrain.

Diosma cordata. Petit arbuste toujours vert, qu'on élève à tige et en boule; feuilles petites, nombreuses, cordiformes, odorantes. De mai en juillet, fleurs blanches, en ombelles terminales.

Diosma ambigua. Arbuste à rameaux droits; feuilles linéaires. De janvier en mars, fleurs d'un blanc rosé, en ombelle.

Culture. Terre de bruyère; serre tempérée.

Doronic du Caucase. *Doronicum Caucasicum.* Plante vivace, de 15 à 20 centimètres; feuilles cordiformes, d'un vert jaune. De mars en mai, fleurs larges, jaunes, solitaires.

Culture. Pleine terre; tout terrain. (Propre aux bordures.)

Dracocéphale d'Autriche. *Dracocephalum Austriacum.* Plante vivace, de 40 à 60 centimètres; feuilles étroites, lancéolées, dentées ou incisées. De juillet en août, fleurs axillaires d'un bleu pourpré, en épis.

Culture. Pleine terre; tout terrain.

Dracæna. Les Dracæna sont de belles plantes d'ornement dont la tige assez élevée est terminée par un faisceau de feuilles longues et étroites; les espèces connues sous le nom de Dracæna australis, rubra et congesta, peuvent être conservées dans les appartements pendant une bonne partie de l'année.

Culture. Terre de bruyère; arrosement modéré en hiver; serre tempérée.

Eccremocarpus scaber. Plante vivace grimpante, de 3 à 4 mètres; feuilles ailées, à folioles incisées. En juillet et août, fleurs coccinées, tubuleuses, en grappes latérales.

Culture. Pleine terre, avec couverture l'hiver. (Propre à garnir les treillages et les berceaux.)

Énothère frutescente. *Œnothera fruticosa.* Plante vivace, de 65 centimètres; feuilles lancéolées, légèrement dentées. De juin en août, fleurs d'un beau jaune, en grappes pédonculées et terminales.

Culture. Pleine terre douce, un peu fraiche.

Énothère de Lindley. *Œ. Lindleyi.* Plante annuelle, de 35 à 40 centimètres. De juillet en octobre, fleurs d'un rose tendre, avec une large tache pourpre au milieu de chaque pétale.

Culture. Pleine terre; multiplication de graines semées en place en septembre, au printemps et successivement jusqu'en juillet.

Epacris campanulata. Arbuste de la Nouvelle-Hollande, à feuilles persistantes; tiges grêles, feuilles pétiolées, cordiformes, acuminées. En mars et en avril, et quelquefois en automne, fleurs campanulées, rouges ou blanches.

Epacris impressa. Feuilles sessiles, lancéolées, accuminées. Fleurs roses tubulées.

Epacris paludosa. Feuilles étroitement lancéolées, acuminées. Fleurs blanches tubulées.

Culture. Terre de bruyère; serre tempérée.

Éphémère de Virginie. *Tradescantia Virginica.* Plante vivace, de 40 centimètres; feuilles lancéolées, linéaires. De mai en octobre, fleurs d'un beau bleu, en ombelle terminale.

Culture. Pleine terre légère et fraiche.

Epicéa. *Abies picea.* Arbre vert, de forme pyramidale. Bien qu'il soit susceptible de s'élever à 30 mètres, on peut cultiver l'Epicéa en pot pendant sa jeunesse, et il sert en hiver à garnir les vases.

Épi de la Vierge. *Ornithogalum pyramidale.* Plante bulbeuse, à feuilles longues, étalées sur la terre. En juillet, fleurs d'un beau blanc, en longs épis.

Culture. Pleine terre, légère et substantielle.

Erica. *Bruyères.* Arbustes à feuilles persistantes, étroites, alternes, opposées ou verticillées. Fleurs axillaires ou terminales, de forme et de couleur variées. Chaque espèce d'Erica ayant un mode de floraison particulier, il en résulte qu'on en trouve en fleurs en tout temps.

On cultive un nombre considérable d'espèces d'Erica; mais on peut considérer celles qu'on trouve sur les marchés comme dignes, sous tous les rapports, de la préférence des amateurs.

Culture. Terre de bruyère; serre tempérée. Pendant l'été on place les Erica dans un endroit un peu ombragé, où ils puissent être préservés des grands vents et des rayons brûlants du soleil.

On les rempote chaque année, après la floraison, dans des pots proportionnés à la vigueur des plantes, en ayant soin chaque fois de diminuer un peu la motte, de manière à ne pas augmenter tous les ans la grandeur des pots.

Comme ces plantes sont presque toujours en végétation, elles exigent de fréquents arrosements; toutefois il faut éviter avec soin l'excès d'humidité, qui leur est tout aussi funeste que la sécheresse, et il faut, pour conserver les Erica en bon état, que la terre soit toujours fraiche sans être humide.

Erigerum glabellum. Plante vivace, de 30 centimètres; feuilles radicales, spatulées. Tout l'été et l'automne, fleurs liliacées, à disque jaune, semblables à celles des Asters.

Culture. Pleine terre légère.

Erodium Alpinum. *Géranium des Alpes.* Plante vivace, à racine tubéreuse; feuilles pubescentes, à lobes dentées. En juin et juillet, fleurs violettes veinées de pourpre, en ombelle.

Culture. Pleine terre, exposition légèrement ombragée.

Erysimum Petrowskianum. Plante annuelle, de 50 centimètres. Tout l'été et une partie de l'automne, fleurs jaune safrané, légèrement odorantes.

Culture. Pleine terre; multiplication de graines semées en place en septembre, au printemps et successivement jusqu'en juillet.

Érythrine crête de coq. *Erythrina crista galli.*

Arbrisseau de 1 à 2 mètres; feuilles ailées, à folioles ovales lancéolées. En juillet et août, fleurs en grappes d'un rouge pourpre.

Culture. Pleine terre, avec couverture l'hiver; ou bien, ce qui est préférable, on relève les touffes vers la fin de l'automne, et on les dépose dans l'orangerie.

Escholtzia Californica. Plante bisannuelle, de 40 à 50 centimètres; feuilles à divisions linéaires. Tout l'été, fleurs terminales, jaunes, safranées.

Culture. Pleine terre; multiplication de graines semées en place en septembre, au printemps et successivement jusqu'en juillet.

Eucharidium grandiflorum. Plante annuelle, de 30 centimètres. Tout l'été, fleurs rouges, découpées comme celles des Clarkia.

Culture. Pleine terre; multiplication de graines semées en place en septembre, au printemps et successivement jusqu'en juillet.

Eucomis punctata. Plante bulbeuse, à feuilles lancéolées, canaliculées, tachetées de points noirs; hampe de 35 centimètres, terminée par une touffe de petites feuilles. En juillet et août, fleurs verdâtres.

Culture. Terre franche mêlée de terre de bruyère, orangerie.

Eupatorium glechonophyllum. Arbuste de 40 à 50 centimètres; feuilles cordiformes, dentées, d'un vert foncé. En septembre et octobre, fleurs blanches en corymbe terminal.

Culture. Terre meuble et substantielle ; orangerie.

Euphorbia splendens. Arbuste à tige quadrangulaire, munie de longues épines acérées ; feuilles spatulées. En avril et mai, fleurs d'un rouge écarlate brillant.

Culture. Terre de bruyère ; serre chaude.

Eutoca viscosa. Plante annuelle, de 40 à 50 centimètres. Tout l'été, fleurs bleues, en épi unilatéral.

Culture. Pleine terre ; multiplication de graines semées au printemps et successivement jusqu'en juillet.

Fabiana imbricata. Arbriseau à rameaux effilés ; feuilles très-courtes, charnues, imbriquées. Au printemps, fleurs blanches, tubuleuses, terminales.

Culture. Terre de bruyère ; serre tempérée.

Ficoïde remarquable. *Mesembryanthemum conspicuum.* Plante grasse, à tiges rampantes ; feuilles triangulaires, pointues, un peu arquées. D'avril en septembre, fleurs grandes, d'un beau rose.—Variété à fleurs blanches.

Ficoïde dorée. *M. aureum.* Plante grasse, à tiges droites, cylindriques ; feuilles longues, cylindriques, d'un vert glabre. De mai en août, fleurs assez grandes, d'un beau jeaune.

Ficoïde deltoïde. *M. deltoides.* Plante grasse, à tiges rameuses ; feuilles épaisses, triangulaires, de couleur blanchâtre. De juin en août, fleurs nombreuses, rose pâle, odorantes.

Ficoïde glaciale. *M. crystallinum.* Plante annuelle, d'une végétation très-vigoureuse, dont les tiges et les feuilles sont chargées de vésicules transparentes et pleines d'eau qui les font paraître comme couvertes de givre. Fleurs blanches en juillet et août.

Culture. Terre de bruyère pure ou mêlée de terre franche; serre tempérée. Arrosements modérés en hiver.

On cultive ordinairement les Ficoïdes en pot, mais on peut aussi les mettre en pleine terre pendant l'été.

On obtient même par ce moyen une végétation plus vigoureuse et une plus grande quantité de fleurs. Elles sont toutes propres à garnir les suspensions.

Ficus elastica. Le Ficus elastica est une belle plante de serre chaude, que l'on peut conserver une bonne partie de l'année dans les appartements.

Les grandes et belles feuilles du Ficus elastica sont entourées, avant leur développement, d'une stipule rose qui ajoute encore à la beauté de la plante.

Culture. Terre de bruyère; arrosements modérés pendant l'hiver.

Fraxinelle. *Dictamnus fraxinella.* Plante vivace, haute de 65 centimètres; feuilles semblables à celles du Frêne. En juin et juillet, fleurs purpurines, rayées de pourpre foncé et disposées en grappe droite, terminale. — Variété à fleurs blanches.

Culture. Pleine terre, tout terrain ; multiplication de graines semées en juin.

Fuchsia. Les Fuchsia sont des arbustes à rameaux un peu grêles, qu'on élève à tiges, et auxquels on donne une forme à peu près régulière au moyen de pincements répétés ; feuilles ovales, lancéolées et dentées. De mai en octobre, fleurs pendantes, rouge plus ou moins foncé, ou blanches avec la corolle rouge, suivant les variétés, qui sont très-nombreuses.

Fuchsia fulgens. Plante à racine bulbeuse ; tête arrondie, feuilles cordiformes. Tout l'été, fleurs pendantes, nombreuses, longues de 8 centimètres, d'un rouge écarlate vif.

Fuchsia corymbiflora. Arbuste de 2 mètres à 2 mètres 50 cent., à rameaux droits ; feuilles ovales, allongées. Tout l'été, fleurs beaucoup plus grandes que celles du Fuchsia fulgens, disposées en très-longues grappes pendantes, d'un rouge violacé éclatant.

Culture. Terre légère, substantielle ; orangerie.

Comme beaucoup de plantes d'orangerie, on peut mettre les Fuchsia en pleine terre pendant l'été ; ils fleurissent plus abondamment que cultivés en pots et exigent moins de soins.

Fumeterre bulbeuse. *Fumaria bulbosa.* Plante vivace, de 15 centimètres, à racine bulbeuse ; feuilles composées, à folioles incisés. En avril, fleurs blanches et pourpres, en épi lâche.

Culture. Pleine terre, exposition ombragée.

Gaillardia picta. *Gaillarde peinte.* Plante vivace, à tige frutescente; feuilles grandes, lancéolées, entières ou dentées. Tout l'été, fleurs d'un rouge cramoisi, bordées de jaune.

Culture. Pleine terre en été, rentrée l'hiver.

Galega officinalis. Plante vivace, de 1 mètre à 1 mètre 30 ; feuilles ailées, à folioles ovales, lancéolées. En juin et juillet, fleurs bleues ou blanches, en épis.

Culture. Pleine terre, tout terrain.

Gardenia florida. Arbrisseau à feuilles persistantes, ovales, lancéolées, d'un beau vert. En juin et juillet, fleurs blanches passant au jaune, très-odorantes.

Culture. Terre de bruyère; serre chaude.

Gentiana acaulis. Plante vivace, formant de belles touffes dans les terrains où elle se plaît; feuilles ovales, lancéolées, persistantes. En avril et mai, fleurs grandes, campanulées, d'un beau bleu d'azur.

Culture. Pleine terre de bruyère, exposition ombragée. (Propre aux bordures.)

Géranium. *Pelargonium.* Plante à tiges molles dans leur premier développement, passant à l'état ligneux l'année suivante; feuilles cordiformes. En mai et juin, fleurs de toutes les nuances de blanc, de rose, de rouge, unicolores, ou maculées et disposées en ombelles.

Culture. Les Géranium exigent tous la serre tempérée. On les sort ordinairement dans le courant de mai, c'est-à-dire aussitôt que la saison le permet, et on les dispose par rang de taille, de manière à jouir de toute la beauté de leurs fleurs. Pendant l'été on les arrose souvent, et vers la fin d'août on les taille, ce qui consiste à supprimer les branches faibles et mal placées, puis à couper toutes les branches de l'année à deux ou trois yeux au-dessus de leur insertion. Après la taille on les rempote (pour la composition de la terre à donner aux Géranium, voir l'article *Rempotage*). On les arrose ensuite, mais modérément, et vers le 15 octobre on les rentre dans la serre.

Pendant l'hiver il ne faut arroser les Géranium que lorsqu'il est nécessaire de le faire, afin de ne pas déterminer une végétation trop vigoureuse, et l'on ne fait du feu dans la serre que pour empêcher la gelée d'y pénétrer. Enfin on renouvelle l'air toutes les fois que le temps le permet. Arrivé au printemps, les arrosements doivent être peu à peu plus abondants et plus fréquents.

Ceux à fleurs rouges, nommés *zonale*, sont plus rustiques que les autres et donnent des fleurs depuis le mois d'avril jusqu'aux gelées, ce qui fait qu'on les préfère généralement pour garnir les vases. On peut aussi les mettre en pleine terre pendant l'été, et ils n'exigent pas plus de soins que les plantes vivaces. On les retire à l'automne, on les taille très-court, et on les met en pot.

L'espèce cultivée sous le nom de Géranium à feuilles de Lierre convient tout particulièrement pour garnir les suspensions.

On multiplie les Géranium de graines, ou de boutures en août.

Gilia capitata. Plante annuelle de 1 mètre. Tout l'été, fleurs bleues ou blanches terminales.

Culture. Pleine terre; multiplication de graines semées en place en septembre ou au printemps.

Gilia tricolor. Plante annuelle, de 40 centimètres. Tout l'été et une partie de l'automne, fleurs roses, bleues ou blanches, en corymbe.

Culture. Pleine terre; multiplication de graines semées en place au printemps et successivement jusqu'en juillet.

Giroflée jaune. *Cheiranthus cheiri.* Plante bisannuelle, de 40 à 50 centimètres; feuilles étroites lancéolées. En février et mars, fleurs jaunes et odorantes, en grappe terminale. — Variétés à fleurs doubles.

Culture. Pleine terre, tout terrain. On sème la Giroflée jaune de mars en juin; on multiplie celles à fleurs doubles de boutures, et on les cultive en pot pour les rentrer l'hiver.

Giroflée Cocardeau. *C. incanus.* Plante bisannuelle, de 40 à 50 centimètres; feuilles lancéolées, dentées, blanchâtres. De mai en octobre, fleurs rouges ou blanches, en grappes droites, terminales.

Culture. On sème les Giroflées Cocardeau en mai et juin; on repique le plant en pépinière, et on le met en pot en septembre pour le rentrer l'hiver.

Giroflée quarantaine. *C. annuus.* Plante annuelle, plus petite que la précédente. Tout l'été, fleurs rouges, roses ou violettes, suivant la variété.

Culture. On sème les premières Giroflées quarantaines en février ou mars, sur couche.

Plus tard les semis peuvent avoir lieu en pleine terre, immédiatement en place, et, partant de l'époque ci-dessus indiquée, on peut semer des Quarantaines jusqu'en juin.

La Giroflée grecque est une variété de Quarantaine que l'on cultive exactement de même.

Gladiolus. Plantes bulbeuses, de 1 mètre à 1 mètre 30 cent.; feuilles linéaires, lancéolées, semblables à celles du Roseau. En juillet et août, fleurs en épi, blanc pur ou blanc rosé, rouge safrané, roses ou vermillon, suivant la variété.

Culture. On plante les Gladiolus en pleine terre en mars et avril, ou en pot à l'automne, et on les place sous un châssis pour passer l'hiver. Comme presque toutes les plantes bulbeuses, on relève les Gladiolus lorsque toutes les feuilles sont sèches.

Gloxinia. Plantes vivaces, à racine tuberculeuse; feuilles amples, ovales, oblongues. En août et septembre, fleurs grandes, campanulées, bleues, roses ou blanches.

Culture. Terre de bruyère, orangerie. Comme ces plantes perdent leurs feuilles chaque année, il faut, après la floraison, suspendre les arrosements, et conserver les racines dans la terre sèche jusqu'en février ou mars.

Glycine sinensis. *G. de la Chine.* Arbrisseau grimpant; feuilles ailées, à folioles ovales. En avril, fleurs grandes, bleu pâle, en longues grappes pendantes.

Culture. Pleine terre. Propre à garnir les murs et à faire des guirlandes. C'est une des plus belles plantes grimpantes que l'on puisse cultiver.

Gnidia oppositifolia. Charmant arbrisseau, de 50 à 60 centim.; feuilles oblongues, lancéolées, d'un vert glauque. En avril, mai et juin, fleurs terminales, blanches, tubulées et soyeuses.

Culture. Terre de bruyère; serre tempérée.

Gorteria ringens. Plante vivace, de 15 à 20 centimètres; feuilles radicales, linéaires, blanches en dessous. Tout l'été, fleurs d'un beau jaune foncé, ne s'épanouissant qu'au soleil.

Culture. Terre légère et substantielle; orangerie.

Grenadier commun. *Punica granatum.* Arbrisseau très-rustique, à feuilles caduques. En août et septembre, fleurs doubles, d'un rouge écarlate, au sommet des jeunes rameaux. — Variété à fleurs blanches.

On cultive sous le nom de Grenadier des Antilles une espèce plus petite que le Grenadier commun, mais qui fleurit beaucoup plus abondamment.

Culture. Pendant l'été on place les Grenadiers à l'exposition la plus chaude possible; on les cultive en terre substantielle et on les arrose fréquemment. On les taille en automne, de manière à leur donner une forme régulière; puis on les rentre en hiver dans l'orangerie ou dans une cave bien saine.

Grenadille bleue, Fleur de la Passion. *Passiflora cærulea.* Plante grimpante, avec laquelle on peut faire des guirlandes élégantes; feuilles à cinq lobes. De juillet en octobre, fleurs blanches, bleues et purpurines.

Culture. Pleine terre, avec couverture l'hiver.

Groseillier à fleurs rouges. *Ribes sanguineum.* Charmant arbuste de 1 mètre à 1 mètre 50 cent.; feuilles semblables à celles du Groseillier à grappe. en avril, fleurs d'un rose vif, en grappes pendantes.

Culture. Pleine terre; tout terrain. Pour avoir de belles fleurs il faut tailler les Groseilliers à fleurs rouges aussitôt qu'ils sont défleuris.

Habrothamnus elegans. Arbrisseau à rameaux inclinés; feuilles oblongues, lancéolées. En automne, fleurs pourpres tubuleuses, réunies en corymbe paniculé.

Habrothamnus fascioulatus. Tiges plus droites; feuilles plus larges; fleurs rouge orange, en faisceaux terminaux.

Culture. Terre de bruyère, pure ou mélangée; serre tempérée.

Haricot d'Espagne. *Phaseolus coccineus.* Plante grimpante, annuelle; feuilles semblables à celles des Haricots cultivés dans les potagers. Tout l'été, fleurs en grappe rouge écarlate. — Variété à fleurs blanches et à fleurs bicolores.

Culture. Pleine terre; multiplication de graines semées en avril et mai immédiatement en place.

Héliotrope du Pérou. *Heliotropium Peruvianum.* Arbuste de 30 à 40 centimètres; feuilles ovales, lancéolées. Tout l'été et l'automne, fleurs petites, bleuâtres, à odeur de vanille, disposées en corymbes.

Culture. Terre légère ou terreau pur; arrosements fréquents en été. L'Héliotrope exige la serre tempérée l'hiver; mais pendant l'été on peut le mettre en pleine terre; il fleurit même beaucoup plus abondamment que cultivé en pot.

Héliotrope d'hiver, Tussilage odorant. *Tussilago fragrans.* Plante vivace, à racines traçantes; feuilles larges, arrondies. De novembre en janvier, fleurs d'un blanc purpurin, à odeur d'Héliotrope.

Culture. Pleine terre; tout terrain.

Hellébore à fleurs roses, Rose de Noël. *Helleborus niger.* Plante vivace, de 25 à 30 centimètres; feuilles radicales, grandes, découpées. En janvier et février, fleurs terminales, grandes, d'un blanc rosé.

Culture. Pleine terre; exposition légèrement ombragée.

Hémérocalle du Japon. *Hemerocallis Japonica.* Plante vivace, à feuilles radicales, cordiformes, marquées de nervures comme celles du Plantain. En août et septembre, fleurs grandes, à tube très-long, d'un beau blanc et d'une odeur suave.

Culture. Pleine terre légère, avec couverture l'hiver, mais seulement pendant les grands froids.

Hémérocalle jaune. *H. flava.* Plante vivace à

feuilles longues et étroites. En juin, fleurs jaunes odorantes, semblables au Lis blanc.

Hémérocalle jaune. *H. fulva.* Plante vivace, plus vigoureuse que la précédente. En juillet et août, fleurs d'un rouge fauve.

Culture. Pleine terre, tout terrain.

Hépatique printanière. *Anemone hepatica.* Plante vivace peu élevée, formant une touffe arrondie; feuilles radicales divisées en trois lobes. En février et mars, fleurs blanches, roses ou bleues, simples ou doubles, selon la variété.

Culture. Pleine terre légère et fraîche. (Propre aux bordures.)

Hibbertia à feuilles crénelées. Arbrisseau à tiges rampantes; feuilles semblables à celles du Groseillier; fleurs d'un beau jaune tout l'été.

Culture. Terre de bruyère; orangerie. (Propre à garnir les suspensions.)

Hibiscus Rosa Sinensis. *Ketmie Rose de Chine.* Arbuste à feuilles ovales, pointues, dentées, d'un beau vert. Tout l'été, fleurs rouges, simples ou doubles.

Culture. Terre de bruyère, serre chaude.

Hortensia du Japon. Arbuste sous-ligneux, de 65 centimètres. Feuilles ovales, assez grandes, dentées, d'un beau vert. De juin en novembre; fleurs d'un rouge purpurin, bleues dans certains terrains, en ombelles corymbiformes.

Culture. Pleine terre de bruyère au nord, avec couverture l'hiver.

Houblon cultivé. *Humulus lupulus.* Plante grimpante, à tiges annuelles ; feuilles cordiformes, divisées en trois ou cinq lobes. De juin en août, fleurs jaunâtres, en cône écailleux.

Culture. Pleine terre substantielle. (Propre à garnir les treillages et les berceaux.)

Hydrangea Japonica. Arbuste semblable à l'Hortensia. En août, fleurs en larges ombelles, roses, liliacées au centre, blanches, teintées de rose à la circonférence.

Cette plante est facile à forcer ; on en trouve en fleurs sur les marchés, chaque année au printemps.

Culture. Pleine terre de bruyère, avec couverture l'hiver.

Immortelle annuelle. *Xeranthemum annuum.* Plante annuelle, de 50 à 60 centimètres. En août, fleurs violettes ou blanches, semblables à celles de la Marguerite blanche simple.

Culture. Pleine terre, multiplication de graines. Semis en place en septembre ou au printemps.

On peut faire sécher les fleurs de l'Immortelle annuelle et les conserver pour l'hiver.

Immortelle à bractées. *Helichrysum bracteatum.* Plante annuelle, de 1 mètre. Tout l'été et l'automne, fleurs terminales, d'un beau jaune. —Variété à fleurs blanches.

Culture. Pleine terre ; multiplication de graines semées sur couche au printemps.

Les fleurs de l'*Helichrysum bracteatum* peuvent se conserver comme celles de l'Immortelle jaune.

Immortelle de Virginie. *Gnaphalium margaritaceum.* Plante vivace, à racines traçantes, ayant quelque rapport avec l'Immortelle jaune, *Gnaphalium orientale,* que l'on cultive dans le midi de la France. En août et septembre, fleurs en corymbe jaune soufre.

Culture. Pleine terre, tout terrain.

Iris bulbeuses. On trouve dans le commerce un grand nombre de variétés d'Iris bulbeuses; les unes sont connues sous le nom d'*Iris d'Angleterre,* les autres sous celui d'*Iris d'Espagne.* Elles fleurissent en juin et méritent toutes d'être cultivées.

Culture. On plante les Iris bulbeuses en pleine terre à l'automne, et on relève les bulbes lorsque les feuilles sont sèches.

Iris d'Allemagne. *I. Germanica.* Plante vivace, herbacée, à feuilles longues et pointues. En mai et juin, fleurs grandes, bleues, violacées ou colorées des nuances les plus variées de blanc, de jaune, de bleu, d'azur, de pourpre, etc., suivant les variétés, qui sont très-nombreuses.

Culture. Pleine terre, tout terrain. Soit en bordures, soit en massif, les Iris d'Allemagne produisent un charmant effet au moment de leur floraison.

Iris naine. *I. pumila.* Plante vivace comme la précédente, mais beaucoup plus petite; elle fleurit en mars et avril et convient particulièrement pour faire des bordures.

Isolepis gracilis. Belle graminée de la Nouvelle-Hollande, formant de larges touffes. (Propre à garnir les vases et les suspensions.)

Culture. Terre de bruyère; serre tempérée pendant l'hiver.

Ixora coccinea. Arbrisseau de 40 à 50 centimètres; feuilles persistantes, ovales, pointues. En juillet et août, fleurs écarlates, tubulées, formant un corymbe au sommet des rameaux.

Culture. Terre de bruyère; serre chaude.

Jacée des jardiniers. *Lychnis dioica.* Plante vivace, de 50 à 60 centimètres; feuilles ovales, assez larges. En mai et juin, fleurs assez semblables à de petits Œillets, rouges ou blanches.

Culture. Pleine terre, tout terrain.

Jacinthes. *Hyacinthus orientalis.* Plantes bulbeuses, à feuilles radicales, linéaires, canaliculées. En avril, fleurs odorantes, simples ou doubles, en grappe droite, de toutes les couleurs, suivant les variétés, qui sont très-nombreuses.

Culture. Il faut aux Jacinthes une terre douce et légère; on les plante en octobre et novembre, soit en pot, soit en pleine terre. Bien qu'il ne soit pas possible de déterminer d'une manière rigoureuse la grandeur des pots à donner aux Jacinthes, on peut dire qu'ils ne doivent pas avoir moins de 12 centimètres de diamètre.

Quel que soit le mode de culture, il faut enfoncer les oignons dans la terre de manière qu'ils soient complétement recouverts. Après la plantation, on enfonce les Jacinthes cultivées en pot en pleine terre, ou bien on laisse les pots dehors jusqu'à ce qu'il commence à geler; car, pour avoir une belle floraison, il faut que les oignons soient bien pourvus de racines quand on les place dans l'appartement; autrement l'on n'aurait que des fleurs avortées. Six semaines environ après la plantation, on peut rentrer les pots de Jacinthes dans l'appartement, en ayant soin toutefois de les placer le plus près possible des fenêtres; car l'air et la lumière sont, on peut dire, les éléments essentiels du succès de cette culture. Quant aux arrosements, ils doivent être plus ou moins fréquents suivant la température de l'appartement, et assez abondants pour que la terre soit toujours fraiche.

On peut aussi cultiver les Jacinthes dans des carafes remplies d'eau que l'on renouvelle quand elle commence à se corrompre. La forme des carafes est indifférente au succès de l'opération; il suffit que l'ouverture soit proportionnée à la grosseur des oignons, de manière que la couronne seulement (la partie où se développent les racines) trempe dans l'eau.

Les seuls soins que nécessite cette culture consistent à entretenir l'eau des carafes toujours au même niveau, et, comme les Jacinthes cultivées en pots, on place celles en carafe près de la lumière, et on leur donne de l'air le plus souvent possible.

Pour compléter ce que nous avons à dire sur la culture des Jacinthes, nous ajouterons que l'on peut encore les cultiver dans de la mousse fraiche, que l'on met dans un pot sans trop la fouler. En ayant soin de les arroser souvent, elles fleurissent tout aussi bien que celles cultivées dans la terre. Enfin quelques personnes creusent une Betterave ou un gros Navet, qu'elles suspendent la tête en bas. Elles placent ensuite une Jacinthe dans le trou et donnent de fréquents arrosements. La Betterave ou le Navet développe ses feuilles, qui se dressent autour de l'oignon et l'enveloppent, ce qui produit un effet très-curieux.

Jasmin blanc. *Jasminum officinale.* Arbrisseau sarmenteux que l'on peut tailler en boule; feuilles ailées, à folioles ovales. De juillet en octobre, fleurs blanches, odorantes, en bouquets terminaux.

Culture. Pleine terre à bonne exposition. Propre à garnir les treillages.

Jasmin à grandes fleurs, J. d'Espagne. Arbuste moins rustique que le précédent; fleurs blanches en dedans, rougeâtres en dehors, également odorantes.

Culture. Terre légère; serre tempérée.

Jasmin des Açores. *J. Azoricum.* Charmant arbrisseau à feuilles persistantes, très-larges, formant une tête arrondie. En août, fleurs blanches à odeur suave.

Culture. Terre de bruyère; serre tempérée.

Jasmin jonquille. *J. odoratissimum.* Arbrisseau plus élevé que le précédent; feuilles persistantes, simples ou ternées, d'un beau vert. Presque toute l'année, fleurs jaunes à odeur de Jonquille, en bouquets terminaux.

Culture. Terre légère, mais substantielle; orangerie.

Jasmin de Virginie. *Bignonia Capensis.* Arbrisseau grimpant, d'une végétation très-vigoureuse; feuilles ailées, à folioles ovales, profondément dentées. En juillet et août, fleurs très-grandes, d'un rouge écarlate.

Culture. Pleine terre, tout terrain. (Propre à garnir les murs.)

Jonquille. *Narcissus Jonquilla.* Plante bulbeuse, à feuilles presque cylindriques, comme celles du Jonc. En avril, fleurs jaunes très-odorantes, simples ou doubles.

Culture. On plante les Jonquilles en septembre en pleine terre; puis on relève les oignons lorsque les feuilles sont sèches.

Julienne de Mahon. Plante annuelle, de 30 centimètres. Tout l'été ou l'automne, fleurs lilas ou rouges, puis violettes ou blanches, à odeur agréable.

Culture. Pleine terre; multiplication de graines semées en place en automne, au printemps et successivement jusqu'en juillet. (Propre à faire des bordures.)

Julienne des jardins. *Hesperis matronalis.* Plante vivace, de 65 centimètres à 1 mètre; feuilles lancéolées, aiguës, dentées. De mai en juillet, fleurs odorantes, blanches ou violettes, ressemblant à celles des Giroflées.

Culture. Pleine terre, franche et substantielle.

Justicia velutina, J. carnea. Plante sous ligneuse; feuilles grandes, oblongues; fleurs roses en gros épi terminal. Cette belle plante n'a pas d'époque déterminée pour fleurir, et on en trouve en fleurs pendant presque toute l'année.

Culture. Terre de bruyère ; serre chaude.

Kalmia latifolia. Arbrisseau de 1 mètre à 1 mètre 20 cent. ; feuilles oblongues, aiguës. En juin, fleurs nombreuses, roses ou carnées, en larges corymbes terminaux.

Culture. Pleine terre de bruyère, au nord.

Kaulfussia amelloides. Plante annuelle, de 20 centimètres. Tout l'été, fleurs d'un beau bleu d'azur, en capitules terminaux.

Culture. Pleine terre ; multiplication de graines semées en septembre en pots que l'on hiverne sous un châssis, ou au printemps.

Kennedya. Les Kennedya sont de charmantes plantes grimpantes, dont les fleurs bleues, rouges ou pourpre, disposées en longues grappes, se succèdent pendant une bonne partie de l'année.

Culture. Terre de bruyère ; serre tempérée. (Propre à garnir les suspensions ou à palisser dans les serres.)

Lantana camara. Petit arbrisseau toujours vert ; feuilles ovales, dentées. Tout l'été, fleurs réunies en petits corymbes, d'abord jaunes, puis rouges ou lilas.

Culture. Pleine terre pendant l'été ; serre chaude en hiver.

Laurier-rose. *Nerium oleander.* Arbrisseau naturellement en buisson ; feuilles lancéolées, pointues, d'un vert foncé. De juin en octobre, fleurs roses, simples ou doubles, en corymbe terminal. — Variété à fleurs blanches.

Culture. Terre légère et substantielle, orangerie. A défaut d'orangerie, on peut placer les Lauriers-roses, comme les Grenadiers, dans une cave bien saine ou dans tout autre endroit où la gelée ne puisse pas pénétrer.

Pendant l'été il faut mettre les Lauriers-roses à une exposition chaude; autrement ils ne fleuriraient pas; souvent même, lorsque l'été est humide et froid, il faut mettre ceux à fleurs doubles dans la serre pour les faire fleurir.

Laurier-Tin. *Viburnum Tinus.* Arbrisseau toujours vert, qu'on élève en boule; feuilles ovales, pointues, d'un vert foncé. En mars et avril, fleurs blanches en ombelle corymbiforme.

Culture. Pleine terre légère, exposition ombragée. Dans les hivers rigoureux il faut les couvrir ou les rentrer dans l'orangerie.

Lavatère à grandes fleurs. *Lavatera trimestris.* Plante annuelle, de 65 centimètres. De juillet en septembre, fleurs grandes, roses ou blanches.

Culture. Pleine terre; multiplication de graines semées en place au printemps.

Leptosiphon androsaceus. Plante annuelle, de 30 centimètres. Tout l'été et une partie de l'automne, fleurs bleues ou blanches plus ou moins colorées.

Culture. Pleine terre; multiplication de graines semées en septembre en pots que l'on hiverne sous un châssis, au printemps et successivement jusqu'en juillet.

Leschenaultia formosa. Charmant petit arbuste à fleurs pourpre-coccinė, ayant le port d'une Bruyère, mais d'une conservation difficile.

Culture. Terre de bruyère; serre tempérée.

Lierre grimpant. *Hedera helix.* Arbrisseau grimpant d'une grande rusticité; feuilles persistantes, plus ou moins lobées. En septembre et octobre, fleurs petites, verdâtres, en petites ombelles terminales. — Variétés à feuilles plus larges et à feuilles panachées.

Culture. Pleine terre, tout terrain. On peut aussi cultiver le Lierre en caisse, pour avoir pendant l'hiver de la verdure dans les appartements.

Lilas commun. *Syringa vulgaris.* Arbrisseau à feuilles cordiformes, pointues. En avril et mai, fleurs violettes, plus ou moins foncées, en panicules terminales. — Variété à fleurs blanches.

Culture. Pleine terre, tout terrain. Pour ne pas être privé de fleurs, il faut tailler les lilas aussitôt qu'ils sont défleuris, autrement ils ne fleuriraient que l'année suivante.

Lilas de terre. *Muscari monstrueux.* Plante bulbeuse, donnant en juin une grosse grappe de fleurs bleu-violacé.

Culture. On plante les bulbes en pleine terre en automne, et ils peuvent rester plusieurs années sans être relevés.

Linaria cymbalaria. Plante vivace, à tiges rampantes ; feuilles arrondies, à cinq lobes. Fleurs bleues tout l'été.

Culture. Pleine terre, particulièrement le long des murs. (Propre à garnir les suspensions.)

Lin à fleurs rouges. Plante annuelle, de 40 centimètres. Tout l'été et une partie de l'automne, fleurs grandes, d'un rouge éclatant, disposées en panicules.

Culture. Pleine terre ; multiplication de graines semées en place en avril et mai.

Lin vivace. *Linum perenne.* Plante vivace, de 50 à 60 centimètres ; feuilles lancéolées. De juin en août, fleurs d'un joli bleu.

Culture. Pleine terre ; tout terrain.

Lis blanc. *Lilium candidum.* Plante bulbeuse, de 1 mètre environ. En juin et juillet, fleurs blanches, odorantes, en grappes lâches terminales.

Lis orangé. *L. croceum.* Plante bulbeuse, de 1 mètre à 1 mètre 30 centim. En juin, fleurs pendantes, d'un rouge safrané, ponctuées de noir, en grappes terminales.

Lis Martagon. *L. Martagon.* Plante bulbeuse, de 65 centimètres à 1 mètre. En juillet et août, fleurs pendantes, rouge pourpre, ponctuées de noir, également en grappe terminale. — Variété à fleurs blanches.

Culture. On cultive les Lis en pleine terre, et ils doivent être plantés aussitôt qu'ils sont défleuris ; autrement ils ne fleuriraient que l'année suivante.

Lis à feuilles en fer de lance. *L. lancifolium*, *L. speciosum*. Plante bulbeuse, de 1 mètre. En septembre, fleurs blanches ponctuées de pourpre, ou rouge pâle, également ponctuées.

Culture. On plante les Lis lancifolium au printemps en terre de bruyère pure, ou dans une terre composée de terre de bruyère et de terreau bien consommé; puis on les retire en automne pour les mettre en pots, qu'on dépose dans un endroit où la gelée ne puisse pas pénétrer.

Loasa lateritia. Plante bisannuelle, grimpante; feuilles incisées, couvertes de poils brûlants. Tout l'été, fleurs rouge-orange.

Culture. Pleine terre pendant l'été; multiplication de graines semées en pot en automne. (Propre à garnir les treillages.)

Lobelia erinus. Plante annuelle, de 30 centimètres, formant de larges touffes. Tout l'été, fleurs bleues, blanches ou roses.

Culture. Pleine terre; multiplication de graines semées en septembre en pots que l'on hiverne sous châssis, ou au printemps. (Propre à garnir les suspensions et à faire des bordures.)

Lobelia fulgens. Plante vivace, de 1 mètre à 1 mètre 30 cent.; feuilles lancéolées. De juillet en octobre, fleurs d'un beau rouge, en grappes.

Culture. Pleine terre légère, en été.

Lophospermum erubescens. Plante vivace, grimpante ; feuilles cordiformes, dentées. Tout l'été, fleurs roses, tubuleuses.

Culture. Pleine terre, en été. (Propre à garnir les treillages et les suspensions.)

Lunaire annuelle. Plante bisannuelle, de 1 mètre. En avril et mai, fleurs en grappes, rouges, purpurines, blanches ou panachées.

Culture. Pleine terre ; multiplication de graines semées en juin.

Lupins annuels. Plante annuelle, de 50 centimètres à 1 mètre 30 cent. De mai en juillet, fleurs bleues, roses, blanches ou jaunes, en épis terminaux.

Culture. Pleine terre légère ; multiplication de graines semées en place en avril.

Lupins vivaces. Plante vivace, de 1 mètre environ. En mai, fleurs bleues ou blanches, en épis terminaux.

Culture. Pleine terre légère.

Lychnis grandiflora. Plante vivace, de 65 centimètres à 1 mètre ; feuilles ovales, aiguës. En juin et juillet, fleurs terminales, d'un beau rouge de minium.

Culture. Pleine terre légère, ou mieux terre de bruyère.

Lycopodium denticulatum. Plante d'un beau vert, formant de larges touffes, propre à remplacer le gazon dans les serres et dans les appartements.

Culture. Terre de bruyère, bassinages fréquents ; multiplication facile par boutures que l'on fait à l'ombre.

Lysimachia nummularia. Plante vivace, à tiges rampantes; feuilles opposées, arrondies presque en cœur; fleurs jaunes, en mai, juin et juillet.

Culture. Pleine terre, douce et fraîche. (Propre à garnir les suspensions.)

Magnolia grandiflora. Grand et bel arbre, à feuilles persistantes, ovales ou lancéolées, d'un vert luisant en dessus, garnies en dessous d'un duvet couleur de rouille. De juillet en octobre, fleurs très-grandes, d'un beau blanc, odorantes.

Culture. Pleine terre, douce, profonde et substantielle. On peut aussi le cultiver en caisse et en terre de bruyère.

Mahonia aquifolia. *Mahonie à feuilles de houx.* Arbrisseau toujours vert; feuilles ailées, à folioles ovales. En mars et avril, fleurs jaunes, en grappes, droites.

Culture. Pleine terre, légère et fraîche.

Malope à grandes fleurs. *M. grandiflora.* Plante annuelle, de 65 centimètres. Tout l'été, fleurs rouges, semblables à celles des Mauves lavatères.

Culture. Pleine terre; multiplication de graines semées en place au printemps.

Martynia fragrans. Plante annuelle, de 50 centimètres. En août et septembre, fleurs pourpre violacé, à odeur de Vanille.

Culture. Pleine terre en été; multiplication de graines semées sur couche au printemps.

Matricaire mendiane. *Matricaria parthenoïdes.* Plante vivace, de 50 cent., à feuilles profondément découpées. Tout l'été et l'automne, fleurs blanches, très-doubles, en corymbe paniculé.

Culture. Pleine terre, avec couverture l'hiver.

Maurandia Barclayana. Belle plante grimpante, à feuilles triangulaires. De mars en septembre, fleurs nombreuses, d'un beau bleu violacé.

Culture. Terre légère, substantielle ; orangerie.

Propre à garnir les suspensions ou à palisser dans les serres.

Mauve d'Alger. *Malva Mauritiana.* Plante annuelle, de 2 mètres ; feuilles arrondies, à 5 ou à 7 lobes. En juillet, fleurs purpurines assez grandes, rayées de la même couleur, plus foncée.

Culture. Pleine terre ; multiplication de graines semées au printemps.

Mauve campanulée. *Malva campanulata.* Plante vivace, que l'on cultive comme plante annuelle ; feuilles tripennatifides. Tout l'été, fleurs blanches, rosées, à odeur de Vanille.

Culture. Pleine terre ; multiplication de graines semées en automne ou au printemps sur couche.

Megasea ciliata. Plante vivace, qu'on cultive en pot pour jouir de toute la beauté de ses fleurs ; feuilles persistantes, épaisses, ovales et très-grandes. En février et mars, fleurs d'un blanc rosé, en grappes terminales.

Culture. Pleine terre, légère et fraiche.

Metrosideros lophanta. Arbrisseau de 50 à 60 centimètres, à feuilles persistantes, lancéolées. En juillet, fleurs rouges autour des rameaux, en forme de goupillon rouge foncé.

Culture. Terre de bruyère, serre tempérée.

Mignardise petit Œillet. *Dianthus moschatus.* Plante vivace, à feuilles étroites, d'un vert glauque. En mai et juin, fleurs nombreuses, simples ou doubles, blanches, rouges, roses ou blanches, avec une couronne pourpre.

Culture. Pleine terre. (Propre aux bordures.)

Mimosa lophanta. Arbrisseau à feuilles bipennées, oblongues, aiguës; en automne.

Au printemps, fleurs petites, jaune soufre, légèrement odorantes, en houppes longues et légères.

Mimosa paradoxa. Arbrisseau à feuilles oblongues, à pointes recourbées. Au printemps, fleurs couvrant les rameaux.

Mimosa longifolia. Arbrisseau à feuilles lancéolées. Au printemps, fleurs d'un jaune citron, en épis cylindriques.

Mimosa dealbata. Arbre à feuilles bipennées. Au printemps, fleurs jaunes, odorantes, réunies par petites têtes globuleuses, disposées en grappes paniculées.

Culture. Terre de bruyère, serre tempérée.

Mimulus guttatus. Plante vivace, à tiges herbacées; feuilles ovales, dentées. Tout l'été, fleurs d'un beau jaune, ponctuées de rouge.

Mimulus çardinalis. Plante vivace également à tiges herbacées; feuilles lancéolées, dentées. Tout l'été et l'automne, fleurs d'un rouge écarlate.

Mimulus moschatus. Plante vivace, à tiges rampantes. Tout l'été, fleurs jaunes, répandant de toutes ses parties une forte odeur de musc.

Culture. Pleine terre légère et fraiche, exposition un peu ombragée. (Propre à garnir les suspensions.)

Monarde à fleurs rouges, Thé d'Oswego. *Monarda didyma.* Plante vivace, de 50 centimètres; feuilles ovales, pointues, d'un beau vert. De juin en août, fleurs et têtes d'un écarlate foncé.

Culture. Pleine terre légère et substantielle, couverture l'hiver.

Morna elegans. Plante annuelle, de 30 centimètres. Tout l'été, fleurs jaune orange, en corymbe.

Culture. Pleine terre; multiplication de graines semées en mars sur couche.

Les fleurs de Morna elegans peuvent se conserver comme celles de l'Immortelle jaune.

Muflier des jardins. *Antirrhinum majus.* Plante bisannuelle, de 40 à 50 centimètres. De mai en août, fleurs en épi, blanches, roses ou jaunes, unicolores, striées ou ponctuées.

Culture. Pleine terre, tout terrain ; multiplication de graines semées en automne ou au printemps.

Muguet de mai. *Convallaria maialis.* Plante vivace, à racines traçantes ; feuilles radicales, ovales, lisses. En mai, fleurs blanches, en forme de grelots.

Culture. On plante le Muguet en février et mars, en pleine terre, à une exposition ombragée.

En plaçant en octobre des châssis sur une plantation de Muguet, on peut avoir des fleurs dès le mois de décembre.

Myoporum parvifolium. Plante à rameaux diffus; feuilles linéaires, spatulées. Tout l'été, fleurs blanches, petites, réunies par deux ou trois dans l'aisselle des feuilles.

Culture Terre légère, serre tempérée.

Myosotis palustris. *Souvenez-vous de moi, Scorpione des marais.* Plante vivace, à tiges rampantes; feuilles oblongues, étroites. D'avril en août, fleurs d'un bleu céleste disposées en épi unilatéral.

Culture. Pleine terre légère et fraiche, exposition un peu ombragée.

Myrsine Africana. Arbuste toujours vert, assez semblable au Myrte à petites feuilles. Fleurs petites, rougeâtres, en mai.

Le Myrsine Africana est une plante rustique, qui peut servir à garnir des vases de cheminée.

Culture. Terre de bruyère, orangerie.

Myrte commun. *Myrtus communis.* Arbrisseau toujours vert, que l'on élève, à tige en boule; feuilles ovales ou lancéolées. Tout l'été, fleurs blanches, simples ou doubles.

On cultive plusieurs variétés de Myrte qui diffèrent entre elles par la grandeur des feuilles.

Culture. Terre de bruyère, orangerie.

Narcisse blanc, N. de poëte. *Narcissus poeticus.* Plante bulbeuse, à feuilles linéaires. En mai, fleur blanche, odorante, à couronne bordée de pourpre. — Variété à fleur double, d'un blanc pur.

Narcisse des prés. *N. pseudo-Narcissus.* Plante bulbeuse ; feuilles semblables à celles du Narcisse blanc. En avril, fleur jaune.—Variété à fleur double.

Culture. On plante les Narcisses en octobre, en pleine terre, et on peut laisser les bulbes plusieurs années sans les relever. (Ils sont tous deux propres à faire des bordures.)

Narcisse de Constantinople, N. à bouquet. Plante bulbeuse, à feuilles longues et étroites ; fleurs blanches, odorantes, disposées en bouquet.

Culture. On plante les Narcisses de Constantinople en septembre et octobre, en pot, ou sur des carafes remplies d'eau, que l'on place dans l'appartement ; ils fleurissent en janvier et février.

Nemophila insignis. Plante annuelle, à tiges rameuses; feuilles pennatifides. Tout l'été, fleurs d'un beau bleu.

Nemophila maculata. Fleurs blanches, largement maculées de bleu.

Culture. Pleine terre; multiplication de graines semées en place en septembre, au printemps et successivement jusqu'en juillet. (Propre à faire des bordures.)

Nierembergia gracilis. Plante vivace, très-rameuse, que l'on cultive comme plante annuelle. Tout l'été, fleurs petites, mais nombreuses, de couleur lilas, à centre blanc.

Culture. Pleine terre pendant l'été; multiplication de graines semées, en juin et juillet ,en pots que l'on hiverne sous châssis.

Nigelle de Damas, Cheveux de Vénus. *Nigella Damascena.* Plante annuelle, de 50 centimètres. De juin en septembre, fleurs bleues, entourées d'une collerette multifide.

Culture. Pleine terre; multiplication de graines semées en place en avril.

Noyer des Indes. *Justicia adhatoda.* Arbrisseau à feuilles persistantes, grandes, lancéolées, d'un vert jaune. En juin et juillet, fleurs blanches, tubulées, en épi.

Culture. Terre substantielle , orangerie. Arrosements fréquents en été.

Œillet des fleuristes. *Dianthus caryophyllus.* Plante vivace, à feuilles longues, étroites et pointues. En juin et juillet, fleurs de plusieurs couleurs, exhalant une odeur de Giroflée.

Culture. On cultive les Œillets en pleine terre ou en pots. En pleine terre ils résistent aux froids les plus rigoureux ; mais il faut, pendant les fortes gelées, rentrer ceux cultivés en pots.

On multiplie les Œillets de graines semées en avril, ou de marcottes après la floraison, ce qui est préférable quand on veut seulement augmenter le nombre des variétés qu'on possède. On marcotte les Œillets cultivés en pleine terre autour de la plante ; mais, auparavant, on fend la branche en long, à moitié de son épaisseur, et immédiatement au-dessous d'un nœud ; puis on la couche en terre, de manière que les parties séparées restent un peu écartées ; ou bien, au lieu de faire une incision longitudinale, on taille tout simplement la branche à mi-bois, juste au-dessous d'un nœud.

Pour multiplier les Œillets en pot, on prépare les marcottes comme nous venons de l'indiquer ; puis on fait avec du plomb laminé un cornet que l'on roule autour de la branche ; on le maintient à la hauteur nécessaire au moyen d'une baguette, et on l'emplit de terre fine. Quel que soit le moyen employé, il faut arroser fréquemment, de manière que la terre soit toujours fraiche.

On sèvre les marcottes d'Œillet dans le courant d'octobre, et on les traite comme les vieux pieds.

Œillet de poëte, O. barbu, Bouquet parfait. *D. barbatus.* Plante trisannuelle, de 30 à 40 centimètres; feuilles lancéolées, pointues. En juin et juillet, fleurs nombreuses, rouges, roses, blanches ou panachées, disposées en ombelle.

Culture. Pleine terre ; tout terrain. Multiplication de graines semées en août.

Œillet d'Espagne. *D. Hispanicus.* Cette espèce a quelques rapports avec la précédente. En juin, fleurs doubles, rouge pourpre, odorantes.

Culture. Pleine terre légère. (Propre aux bordures.)

Œillet de la Chine. *D. Sinensis.* Plante annuelle,

de 30 centimètres. De juillet en septembre, fleurs solitaires, rouge vif, pourpre, panachées ou ponctuées de blanc, réunies en bouquet.

Culture. Pleine terre ; multiplication de graines semées en septembre ou au printemps.

Œillet d'Inde. *Tagetes patula.* Plante annuelle, de 40 centimètres. De juillet en octobre, fleurs orangées, veloutées, mêlées de jaune.

Culture. Pleine terre ; multiplication de graines semées au printemps.

Oranger. *Citrus.* Ce bel arbre est trop connu pour avoir besoin d'être décrit.

L'Oranger est de culture facile, mais sous le climat de Paris il faut le rentrer l'hiver dans une serre, ou dans une pièce de l'habitation où la gelée ne puisse pas pénétrer. On le sort ordinairement vers le 15 mai, et on le rentre dans la seconde quinzaine d'octobre. Pendant l'été on place les Orangers à bonne exposition, et, autant que possible, à l'abri du vent ; puis on les arrose de manière que la terre soit toujours fraîche.

Lorsque les Orangers jaunissent, c'est qu'ils ont besoin d'être rencaissés plus grandement ou bien que la terre est trop humide. Ainsi, quelle que soit la cause, il est toujours facile de remédier au mal. Sans qu'il soit possible de déterminer d'une manière précise le temps qu'ils peuvent rester dans la même caisse, on peut dire que, pendant leur jeunesse, il faut rencaisser les Orangers tous les deux ou trois ans. Cette opération doit avoir lieu au printemps, et la terre qui convient le mieux aux Orangers doit être composée, comme nous l'avons indiqué à l'article *Rempotage*, d'un quart terre franche, un quart bonne terre de potager, un quart terre de bruyère et un quart terreau gras.

Enfin on taille les Orangers en septembre, ce qui consiste à couper l'extrémité des branches les plus longues de manière à donner aux arbres une forme régulière.

Sous le nom de *Citronnier de la Chine* on trouve sur les marchés un petit arbuste à rameaux effilés, garnis d'épines, qui fleurit presque toute l'année ; on le cultive en terre de bruyère, et on le rentre l'hiver en serre tempérée.

Oranger à feuilles de Myrte, Chinois nain. *Citrus myrtifolia*. Cette espèce a les feuilles beaucoup plus petites que celles de l'Oranger. Son fruit est petit, de forme arrondie, et sert à faire les conserves connues sous le nom de Chinois.

Oreille d'ours, Auricule. *Primula auricula*. Plante vivace, peu élevée ; feuilles ovales, arrondies et dentées, les unes d'un vert glabre, les autres farineuses. En avril et mai, fleurs en ombelle, de toutes les nuances de bleu ou de pourpre, à centre blanc ou jaune, selon les variétés, qui sont très-nombreuses.

Culture. On cultive les Oreilles d'ours en pleine terre légère et substantielle, à une exposition ombragée ou bien en pot. Ces plantes ne craignent pas le froid ; mais l'humidité leur est funeste, et il faut, en automne et pendant les temps de pluie, coucher les pots pour que l'eau n'y séjourne pas.

Oxalis Deppei. Plante bulbeuse, de 15 centimètres. Tout l'été, fleurs rouges en ombelles.

Culture. On plante les bulbes d'Oxalis Deppei au printemps, puis on les relève chaque année, à l'automne. (Propre aux bordures.)

Pancratium cariboeum. Plante bulbeuse, à feuilles longues et pointues; fleurs nombreuses, blanches, odorantes. Lorsque le pied est fort, cette belle plante fleurit deux ou trois fois dans le courant de l'été.

Culture. Terre de bruyère, serre chaude.

Pâquerette vivace, Petite Marguerite. *Bellis perennis.* Plante vivace, à feuilles spatulées, formant de petites touffes arrondies. En mars et avril, fleurs doubles, blanches, roses, rouges ou panachées.

Culture. Pleine terre; tout terrain. (Propre aux bordures.)

Pavot des jardins. *Papaver somniferum.* Plante annuelle, de 65 centimètres à 1 mètre. En juin et juillet, fleurs simples ou doubles, de toutes couleurs.

Culture. Pleine terre; multiplication de graines semées en place en automne.

Pensée à grandes fleurs. *Viola tricolor.* Plante annuelle, peu élevée. En avril et mai, et successivement pendant tout l'été et l'automne, fleurs larges, à pétales arrondis, unicolores, ou nuancés de couleurs vives et tranchantes.

Culture. Pleine terre, exposition légèrement ombragée pour avoir de belles fleurs; multiplication de graines semées en août et septembre.

Pentstemon gentianoides. Plante vivace, de 65 centimètres, feuilles oblongues. Tout l'été, fleurs tubulées, pourpre foncé, et disposées en longues grappes unilatérales.

Culture. Pleine terre légère.

Perce-neige. *Galanthus nivalis.* Plante bulbeuse, peu élevée, donnant en février une ou deux fleurs blanches légèrement rayées de vert.

On cultive aussi, sous le nom de Perce-neige, une plante bulbeuse nommée *Leucoium vernum* ; elle donne en mars une fleur blanche régulièrement bordée de vert.

Culture. On cultive les Perce-neige en pleine terre légère et fraiche.

Pervenche grande. *Vinca major.* Plante vivace, à tiges rampantes ou grimpantes ; feuilles persistantes, d'un vert foncé. Tout l'été, fleurs bleues ou blanches. —Variété plus petite, également à feuilles persistantes.

Culture. Pleine terre, à l'ombre. (Propre à garnir les murs, les rochers ou le dessous des grands arbres.)

Pervenche de Madagascar. *V. rosea.* Plante sous-ligneuse, de serre chaude, que l'on cultive comme plante annuelle ; feuilles oblongues, d'un vert lisse. Tout l'été et l'automne, fleurs roses ou blanches, à centre rouge.

Culture. Pleine terre légère en été, ou mieux en pot. On sème la Pervenche, en janvier ou février, sur couche ; mais, comme les semis exigent beaucoup de chaleur et des soins assidus, il est préférable d'acheter des pieds tout élevés.

Petunia. Plante sous-ligneuse, de serre tempérée, que l'on peut cultiver comme plante annuelle ; feuilles un peu épaisses, ovales, d'un vert tendre. Tout l'été et l'automne, fleurs larges, pourpres, blanches ou roses, selon les variétés, qui sont très-nombreuses.

Culture. Pleine terre en été ; multiplication de graines semées sur couche au printemps, ou de bouture en mars.

Phacelia congesta. Plante annuelle, de 35 à 40 centimètres. Tout l'été, fleurs bleues disposées comme celles de l'Héliotrope.

Culture. Pleine terre ; multiplication de graines semées en place au printemps, et successivement jusqu'en juillet.

Phacelia tanacetifolia. Plante annuelle, de 50 centimètres. Tout l'été, fleurs bleu clair, en épis terminaux.

Culture. Pleine terre ; multiplication de graines semées en place au printemps et successivement jusqu'en juillet.

Phlomis leonurus. *P. queue de lion.* Arbrisseau de 1 à 2 mètres ; feuilles lancéolées, dentées en scie, d'un vert foncé. En août, septembre et octobre, fleurs aurore très-vif, disposées en épi le long des tiges et des rameaux.

Culture. Pleine terre légère en été, orangerie en hiver.

Phlox. Plantes vivaces, plus ou moins élevées, à feuilles lancéolées. Tout l'été, fleurs roses, pourpres, lilas, gris de lin, blanc pur ou blanc lamé de différentes couleurs, en corymbe ou en grappe paniculée.

Culture. On cultive un grand nombre de Phlox, qui tous se rapportent, à deux races, l'une connue sous le nom de Phlox ligneux, l'autre sous celui de Phlox sous-ligneux ou *suffruticosa*.

Les Phlox ligneux sont rustiques et viennent dans tous les terrains. Les sous-ligneux sont plus délicats; il leur faut une terre douce; quelques-uns même exigent la terre de bruyère.

Phlox Drummondi. Plante vivace, de 40 centimètres, que l'on cultive comme plante annuelle. Tout l'été et l'automne, fleurs blanches, roses ou pourpres, de nuances extrêmement variées.

Culture. Pleine terre; multiplication de graines semées en septembre en pots que l'on hiverne sous châssis, au printemps, et successivement jusqu'en juillet.

Phlox subulata. Plante vivace, à tiges rampantes et à feuilles persistantes. D'avril en mai, fleurs roses, marquées d'une étoile d'un pourpre violet.

Culture. Pleine terre, exposition un peu ombragée. (Propre aux bordures.)

Phormium tenax. *Lin de la Nouvelle-Zélande.*

Plante textile dont les feuilles d'un beau vert ont souvent plus de 1 mètre de longueur. Par sa rusticité et ses proportions élégantes le Phormium tenax est une plante recommandable pour garnir les vases et les jardinières.

Culture. Terre légère et substantielle. Orangerie.

Pied d'alouette. Plante annuelle, de 40 à 50 centimètres. En mai, juin et juillet, fleurs en épis, nombreuses, simples ou doubles, blanches, roses, rouges, violettes ou bleues.

Culture. Pleine terre ; multiplication de graines semées en place en automne ou au printemps. (Propre à faire des bordures.)

Pimelea decussata. Arbrisseau de 40 à 50 centimètres, à feuilles ovales, persistantes. Tout l'été, fleurs roses, en ombelles terminales.

Pimelea spectabilis. Arbrisseau de 30 à 40 centimètres, à feuilles lancéolées. En avril et mai, fleurs soyeuses, blanches, également en ombelle.

Culture. Terre de bruyère, serre tempérée.

Pin du lord. *Pinus strobus.* Arbre vert, de forme pyramidale, à feuilles longues, d'un vert tendre, que l'on peut cultiver en pot pendant sa jeunesse. Il sert en hiver à garnir les vases des perrons.

Pittosporum undulatum. Arbrisseau de 1 à 2 mètres ; feuilles persistantes, ovales, ondulées, d'un vert lisse. Au printemps, fleurs blanches odorantes, disposées en bouquets terminaux.

Culture. Terre légère mêlée de terre de bruyère, orangerie.

Pivoines herbacées. Plantes vivaces, à racines tubéreuses, de 55 centimètres; feuilles ternées ou biternées, à folioles ovales. En mai, fleurs grandes et belles, blanches, roses et pourpres, suivant la variété.

Culture. Toutes les Pivoines herbacées sont de pleine terre; on les plante en septembre; autrement elles fleurissent mal, ou elles ne fleurissent que l'année suivante.

Pivoines ligneuses. Arbustes de 65 centimètres à 1 mètre; feuilles semblables à celles des Pivoines herbacées. En avril et mai, fleurs très-doubles, rose vif au centre, rose tendre sur les bords. —Variété à fleurs blanches.

Culture. On cultive les Pivoines en arbre en pleine terre; mais, comme elles entrent en végétation de très-bonne heure, il faut avoir soin de les garantir contre les gelées du printemps.

Pois de senteur, Gesse odorante. *Lathyrus odoratus.* Plante annuelle, grimpante. Tout l'été, fleurs odorantes, violettes, roses ou blanches, semblables à celles des Pois cultivés dans les potagers.

Culture. Pleine terre; multiplication de graines semées en place en automne et au printemps.

Polygala speciosa. Arbuste de 50 centimètres à 1 mètre, à feuilles lancéolées. En juin et juillet, fleurs d'un violet pourpre, semblables à celles des Pois.

Culture. Terre de bruyère, serre tempérée.

Portulaca grandiflora. Plante annuelle, de 15 centimètres. Tout l'été et l'automne, fleurs terminales pourpre violacé, rouge cocciné, blanches, rayées de carmin ou jaunes tachées de rouge.

Culture. Pleine terre; multiplication de graines semées au printemps et successivement jusqu'en juillet. (Propre aux bordures.)

Potentilla Nepaulensis. Plante vivace, de 65 centimètres; feuilles radicales, semblables à celles des Fraisiers. Tout l'été, fleurs d'un beau rouge incarnat, disposées en corymbe.

Culture. Pleine terre, tout terrain.

Primevère des jardins. *Primula veris.* Plantes vivaces, peu élevées; feuilles radicales ovales et dentées. En mars, fleurs simples ou doubles de toutes nuances, disposées en ombelles.

Culture. Pleine terre, tout terrain. (Propres aux bordures.)

Primevère de la Chine. *P. Sinensis.* Plante herbacée, à feuilles cordiformes, dentées ou incisées. De novembre en mars, fleurs nombreuses, roses ou blanches, en ombelles.

Culture. Terre légère, serre tempérée. Le Primula Sinensis est une des plantes qui conviennent le mieux pour mettre dans les appartements pendant l'hiver. On le multiplie de graines semées en mars et avril.

Pulmonaire de Virginie. *Pulmonaria Virginica.* Plante vivace, de 50 à 60 centimètres, à feuilles obtuses. En mars et avril, fleurs bleues, en bouquets paniculés et pendants.

Culture. Pleine terre, tout terrain.

Pultenæa daphnoides. Arbrisseau de 40 à 50 centimètres, à feuilles en coin. En mai, fleurs d'un beau jaune, disposées en bouquets.

Culture. Terre de bruyère, serre tempérée.

Reine-Marguerite. *Aster Sinensis*. Plante annuelle, de 20 à 65 centimètres. On possède aujourd'hui un nombre considérable de variétés de toutes nuances.

Culture. Semées de mars en juin, puis repiquées en pépinière, les Reines-Marguerite donnent des fleurs depuis le mois de juillet jusqu'aux gelées.

Renoncule des jardins. *Ranunculus Asiaticus*. Plante vivace, de 20 à 25 centimètres; feuilles ternées, à folioles dentés. De la fin d'août au commencement de juin, fleurs solitaires, simples, semi-doubles ou doubles, de presque toutes les couleurs.

Culture. On plante les griffes de Renoncules vers la fin de décembre, ou bien en février et mars, en pleine terre, à environ 5 centimètres de profondeur, et l'on observe tout ce que nous avons indiqué en traitant de la culture des Anémones.

Réséda odorant. Plante annuelle. Tout l'été et l'automne, fleurs petites, verdâtres, très-odorantes.

Culture. On sème du Réséda presque toute l'année, soit en pot, soit en pleine terre. Pour avoir de beau Réséda, il faut le semer très-clair et avoir soin de ne pas le laisser monter en graines.

Réséda en arbre. Semé ou repiqué séparément, le Réséda odorant devient ligneux. Lorsque la tige est arrivée à une certaine hauteur, on peut, au moyen de pincements répétés, obtenir des Résédas à tête arrondie, que l'on traite comme des plantes de serre tempérée. Avec des soins on peut facilement les conserver plusieurs années.

Rhodanthe Manglesii. Plante annuelle, de 20 à 25 centimètres. Tout l'été, fleurs rose foncé, semblables à de petites Immortelles.

Culture. Terre de bruyère, à l'ombre; multiplication de graines semées en mars sur couches.

Les fleurs de Rhodanthe Manglesii peuvent se conserver comme celles de l'Immortelle jaune.

Rhododendrum Ponticum. Arbrisseau de 2 à 3 mètres; feuilles persistantes, lancéolées, pointues, d'un vert foncé en dessus. En mai, fleurs d'un pourpre violacé, en corymbes terminaux.

Rhododendrum maximum. Plus élevé que le précédent; feuilles oblongues, d'un vert tendre en dessus, pâle en dessous. En juin et juillet, fleurs roses. — Variétés à fleurs blanches.

Culture. Les Rhododendrum Ponticum, maximum et leurs variétés, sont de pleine terre de bruyère. On rempote ceux cultivés en pot après la floraison, et on les place à une exposition ombragée. Quel que soit le mode de culture, il faut arroser les Rhododendrum fréquemment, surtout pendant l'été.

Rhododendrum arboreum. Feuilles persistantes,

d'un vert foncé en dessus, blanches ou couleur de rouille en dessous. En avril et mai, fleurs rouges, blanches, roses ou jaunes, suivant les variétés, qui sont très-nombreuses.

Culture. On cultive les Rhododendrum arboreum en pot; mais on peut aussi les placer en pleine terre pendant l'été; de cette manière on obtient même une végétation beaucoup plus vigoureuse. A l'automne on les relève pour les mettre en pot ou en caisse, puis on les rentre dans la serre tempérée.

Rochea falcata. Plante grasse, dont les feuilles sont épaisses, charnues et d'un vert grisâtre. En août, fleurs nombreuses, d'un beau rouge, disposées en corymbe.

Culture. Terre de bruyère, serre tempérée; arrosements modérés en été, et pas d'eau en hiver.

Rose trémière. *Alcea rosea.* Plante vivace, de 2 mètres à 2 mètres 65 cent.; feuilles larges, arrondies. De juillet en septembre, fleurs simples, semi-doubles ou doubles, de diverses couleurs, le long des tiges et des rameaux.

Culture. Pleine terre, tout terrain; multiplication de graines semées en juin.

Rose trémière de la Chine. Plante annuelle, moins élevée que la précédente; fleurs pourpres panachées de blanc.

Culture. Pleine terre; multiplication de graines sur couche au printemps.

Rose d'Inde. *Tagetes erecta.* Plante annuelle, de

65 centimètres. De juillet en octobre, fleurs jaune clair ou jaune souci.

Culture. Pleine terre; multiplication de graines semées au printemps.

Rosiers. On divise les Rosiers en deux catégories; la première se compose des Rosiers qui ne fleurissent qu'une fois par an, la seconde de ceux qui donnent des fleurs pendant toute la végétation, et que l'on nomme Rosiers remontants ou perpétuels. Les Roses cent feuilles, les Mousseuses, la Cuisse de Nymphe, le Pompon de Bourgogne, etc., appartiennent à la première catégorie. Francs de pieds ou greffés, ces Rosiers sont rustiques et viennent dans tous les terrains.

La seconde catégorie se compose des Rosiers du roi, des Quatre-saisons, des Bengale, des Noisette, des Thés ou Rosiers de l'Inde.

Tous peuvent être cultivés en pleine terre. On plante les espèces rustiques en automne, et celles qui craignent la gelée, comme les Thés, au printemps seulement. A l'approche des froids on empaille la tête de ceux greffés à tige, et l'on butte les francs de pieds, c'est-à-dire que l'on relève la terre autour des touffes; puis on les couvre de feuilles ou de litière s'il survient de fortes gelées. A l'exception de ces soins, la culture des Rosiers n'offre rien de particulier; il suffit de les débarrasser du bois mort, de les tailler en mars plus ou moins courts, selon leur vigueur, et, pendant leur végétation, de pincer les branches gourmandes qui partent du pied, de même que celles qui se développent sur la tige des espèces greffées.

Rosiers grimpants. Indépendamment des Rosiers nains et à tige, il existe des Rosiers grimpants, tels que le Multiflore, le Banks blanc, le Banks jaune, Félicité perpétue, et plusieurs autres espèces que l'on peut planter pour garnir les murs et les berceaux. Ces Rosiers végètent avec une grande vigueur et produisent un effet admirable.

Russelia juncea. Arbrisseau toujours vert, à rameaux longs et pendants. Tout l'été, fleurs rouges en panicules.

Culture. Terre de bruyère, serre chaude pendant l'hiver. (Propre à garnir les suspensions.)

Salpiglossis hybrida. Plante annuelle, de 75 centimètres. Tout l'été, fleurs striées et nuancées de blanc, de jaune, de violet et de pourpre.

Culture. Multiplication de graines semées en place au printemps.

Salvia fulgens. Plante vivace, herbacée, de 1 mètre à 1 mètre 30 centimètres; feuilles cordiformes, dentées. Tout l'automne, fleurs superbes, en longs épis d'un rouge éclatant.

Salvia patens. *Sauge à fleurs larges.* Plante vivace, à racines tuberculeuses, beaucoup moins élevée que la précédente; feuilles oblongues. Tout l'été, fleurs d'un beau bleu, en long épi terminal.

Culture. Pour voir ces plantes dans toute leur beauté, il faut les mettre en pleine terre dès le mois de mai et les arroser fréquemment en été. La première exige la serre chaude en hiver, mais on peut conserver les tubercules de la seconde dans de la terre sèche, pour les replanter l'année suivante.

Saxifrage de Sibérie. *Saxifraga crassifolia.* Plante vivace, de 25 à 30 centimètres ; feuilles persistantes, grandes, ovales, d'un vert luisant. En mars et avril, fleurs d'un beau rose, disposées en panicule.

Culture. Pleine terre, tout terrain.

Saxifrage mousse, Gazon turc. *S. hypnoides.* Plante vivace, formant un gazon serré qui couvre complétement la terre; en mai, fleurs blanches, petites, mais nombreuses.

Culture. Pleine terre, à l'ombre. (Propre aux bordures.)

Saxifrage sarmenteuse. *S. sarmentosa.* Plante vivace, produisant de longs filets comme les Fraisiers. Fleurs roses en panicules, en juin et juillet.

Culture. Pleine terre, à l'abri des grands froids. (Propre à garnir les suspensions et les rocailles.)

Scabieuse des jardins. Plante bisannuelle, de 60 centimètres. Tout l'été et une partie de l'automne, fleurs pourpres plus ou moins foncées ou veloutées, roses et panachées.

Culture. Pleine terre ; multiplication de graines semées en place en septembre ou au printemps.

Schizanthus pinnatus. Plante annuelle, de 40 à 50 centimètres. Tout l'été, fleurs en panicules terminales, lilas et jaunes, ponctuées de brun.

Culture. Pleine terre; multiplication de graines semées en place en septembre ou au printemps.

Schizanthus retusus. Plante annuelle, de 80 centimètres. Tout l'été, fleurs roses, pourpres, lilas ou blanches, largement marquées de jaune au centre.

Culture. Pleine terre; multiplication de graines semées en septembre en pots que l'on hiverne sous châssis, ou au printemps immédiatement en place.

Scille du Pérou, Jacinthe du Pérou. *Scilla Peruviana.* Plante bulbeuse, à feuilles lancéolées; hampe de 33 centimètres, terminée en mai par un corymbe de fleurs bleues.

Culture. Pleine terre légère, avec couverture l'hiver, ou bien en pot sous châssis.

Sedum Sieboldtii. Plante vivace, à tiges rampantes; feuilles arrondies, d'un vert blanchâtre. Tout l'été, fleur rose en corymbe.

Culture. Pleine terre légère, couverture l'hiver, ou bien en pot que l'on rentre en hiver.

Seneçon des Indes. *Senecio elegans.* Plante annuelle, de 30 à 40 centimètres. De juin en août, fleurs pourpres, violettes ou blanches, disposées en bouquets au sommet des tiges et des rameaux.

Culture. Pleine terre; multiplication de graines semées sur couche en mars, ou en pleine terre en avril.

Sensitive. *Mimosa pudica.* Plante de serre chaude, que l'on cultive comme plante annuelle; feuilles bipennées, tellement irritables qu'elles se rapprochent au plus simple attouchement.

Culture. On sème la Sensitive en février ou mars sur couche, et on repique le plant dans des pots pleins de terreau.

Seringat odorant. *Philadelphus coronarius.* Arbuste de 1 à 2 mètres; feuilles ovales, pointues. En juin et juillet, fleurs blanches, odorantes, en bouquet terminal.

Culture. Pleine terre, tout terrain. On trouve sur les marchés des touffes de Seringat élevées en panier, que l'on peut planter en tout temps.

Silene pendula. *Silène à fleurs pendantes.* Plante annuelle, de 20 à 25 centimètres. Tout l'été, fleurs roses nombreuses.

Culture. Pleine terre; multiplication de graines semées en pépinière ou immédiatement en place, en septembre ou au printemps. (Propre à faire des bordures.)

Siphocampylos bicolor. Plante vivace, de 70 centimètres à 1 mètre; feuilles oblongues, lancéolées. Tout l'été, fleurs tubuleuses, rouges en dehors, jaunes en dedans.

Culture. Terre légère; serre tempérée l'hiver, pleine terre en été.

Souci de Trianon, S. de la Reine. *Calendula anemonæflora.* Plante annuelle, de 30 à 40 centimètres. De juin en septembre, fleurs jaunes, très-doubles.

Culture. Pleine terre; multiplication de graines semées en place au printemps, et successivement jusqu'en juillet.

Sphenogyne speciosa. Plante annuelle, de 30 cent. Tout l'été, capitules de couleur nankin, à onglet brun.

Culture. Pleine terre; multiplication de graines semées sur couche en avril ou en pleine terre en mai.

Spiræa aruncus. *Spirée barbe de bouc.* Plante vivace, de 65 centimètres à 1 mètre; feuilles tripennées. En juin et juillet, fleurs blanches très-nombreuses, disposées en une grande panicule terminale.

Culture. Pleine terre légère et fraîche; exposition ombragée.

Spiræa ulmifolia. *S. à feuilles d'orme.* Arbuste de 66 centimètres à 1 mètre; feuilles presque semblables à celles de l'Orme. En mai, fleurs blanches cylindriques.

Culture. Pleine terre; tout terrain. On trouve sur les marchés des touffes de Spirées, élevées en panier ou en pot, que l'on peut planter en tout temps.

Statice, Gazon d'Olympe. *Statice armeria.* Plante vivace, formant une belle touffe verte, arrondie. De mai en août, fleurs roses, en tête terminale.

Culture. Pleine terre; tout terrain. (Propre aux bordures.)

Statice de Tartarie. *S. Tatarica.* Plante vivace, de 30 à 40 centimètres; feuilles lancéolées oblongues, d'un vert blanchâtre. En juin, fleurs petites, nombreuses, d'un rouge assez vif.

Culture. Pleine terre légère.

Stevia serrata. Plante vivace, de 40 à 50 centimètres; feuilles lancéolées, étroites, dentées en scie. Tout l'été et l'automne, fleurs blanches, petites, très-nombreuses, disposées en corymbes à l'extrémité des tiges.

Culture. Pleine terre en été, orangerie en hiver.

Symphoricarpos racemosa. Arbuste de 60 à 80 centimètres, à fleurs peu apparentes, mais donnant en automne une grande quantité de fruits d'un beau blanc, de la grosseur d'une Cerise.

Culture. Pleine terre; tout terrain. On trouve sur les marchés des Symphoricarpos élevés en pot que l'on peut planter en tout temps.

Tagetes lucida. Plante vivace, de 40 centimètres. Tout l'été, fleurs jaunes, odorantes, en ombelles très-nombreuses.

Culture. Pleine terre en été, orangerie pendant l'hiver; multiplication de graines semées en mars sur couche.

Thlaspi vivace. *Iberis semperflorens.* Arbuste toujours vert, formant une touffe très-rameuse. D'octobre en mars, fleurs blanches, en corymbe terminal.

Culture. Pleine terre douce et substantielle, ou mieux en pot que l'on rentre en hiver.

Thlaspi annuel. *I. umbellata.* Plante annuelle, de

30 à 40 centimètres. En juin et juillet, fleurs violettes ou blanches, en corymbe terminal.

Culture. Pleine terre ; tout terrain ; multiplication de graines semées en septembre, au printemps, et successivement jusqu'en juillet.

Thunbergia alata. Plante vivace, grimpante, que l'on cultive comme plante annuelle ; feuilles cordiformes. Tout l'été et l'automne, fleurs jaunes ou blanches, à centre pourpre.

Culture. On multiplie le Thunbergia de graines semées sur couche, et on repique les plants en pleine terre ou en pot.

Thuya. Le Thuya est un arbre vert que l'on peut cultiver en pot ou en caisse pendant sa jeunesse. Il convient parfaitement pour garnir les murs et faire des palissades. On peut le tondre chaque année.

Tillandsia pyramidalis. Plante herbacée, semblable à un petit Ananas. Au printemps, fleurs bleues en épi, à bractée rose-violacé.

Culture. Terre de bruyère; serre chaude en hiver, mais pendant l'été on peut facilement conserver cette belle plante dans l'appartement.

Torenia Asiatica. Plante vivace, à tiges rampantes, que l'on peut cultiver comme plante annuelle. D'avril en septembre, fleurs nombreuses, d'un bleu tendre, marquées d'une large tache bleu foncé.

Culture. Terre de bruyère; arrosements fréquents pendant l'été; serre chaude en hiver. (Propre à garnir les suspensions.)

Tourette printanière. *Turritis verna*. Plante vivace, à tiges rampantes; feuilles oblongues, blanchâtres et dentées. En mars et avril, fleurs blanches en bouquet terminal.

Culture. Pleine terre ; tout terrain. (Propre à faire des bordures.)

Trachelium cœruleum. Plante bisannuelle, de 35 centimètres. En juillet et août, fleurs petites, tubulées, bleu-violacé, disposées en corymbe.

Culture. Pleine terre en été, orangerie en hiver.

Tubéreuse des jardins. *Polyanthes tuberosa*. Plante bulbeuse, à feuilles longues, très-étroites. De juillet en septembre, fleurs blanches, très-odorantes, disposées en épi.

Culture. On plante les Tubéreuses en mars, dans des pots que l'on enfonce sur couche.

Tulipe des fleuristes. *Tulipa Gesneria*. Plante bulbeuse, à feuilles ovales, lancéolées. En avril, hampe plus ou moins élevée, terminée par une fleur droite, de différentes couleurs.

Culture. On plante les tulipes vers la fin d'octobre ou au commencement de novembre, en pleine terre, à environ 8 centimètres de profondeur, et on relève les oignons vers la fin de juin, lorsque les feuilles sont sèches.

Tulipe odorante, T. duc de Thol. Beaucoup plus petite que la précédente, mais plus hâtive. On la cultive en pot comme les Jacinthes.

Valériane rouge. *Valeriana rubra.* Plante vivace, de 1 mètre; feuilles lancéolées, pointues, d'un vert glauque. De juin en octobre, fleurs rouges ou blanches, en panicule terminale.

Culture. Pleine terre; tout terrain.

Verge d'or du Canada. *Solidago Canadensis.* Plante vivace, de 65 centimètres; feuilles lancéolées, dentées en scie. De juillet en septembre, fleurs jaunes, en panicule.

Culture. Pleine terre; tout terrain.

Véronique à épis. *Veronica spicata.* Plante vivace, de 40 à 50 centimètres; feuilles ovales, dentées en scie. En juin, fleurs bleues ou roses, en épis.

Culture. Pleine terre; tout terrain.

Véronique remarquable. *V. speciosa.* Plante ligneuse, à feuilles spatulées. Tout l'automne, fleurs bleu-violacé, en épis.

Culture. Terre de bruyère; serre tempérée.

Véronique d'Anderson. *V. Andersoni.* Arbuste de 50 à 60 centimètres, toujours vert; fleurs odorantes, en longues grappes, d'abord d'un violet clair, puis blanches, presque toute l'année.

Culture. Pleine terre en été, orangerie en hiver.

Verveines hybrides. *Verbena hybrida.* Plantes herbacées, formant de larges touffes. Tout l'été et l'automne, fleurs rouges, roses, blanches ou bleues, en épis axillaires ou terminaux.

Culture. Pour jouir de toute la beauté des fleurs de Verveines il faut les mettre en pleine terre en avril et mai, ou dans de grands pots. Lorsqu'on veut les conserver plusieurs années, on les taille en automne et on les rentre en hiver.

On multiplie ces charmantes petites plantes de graines semées au printemps, ou de boutures faites en septembre et octobre.

Verveine de Miquelon. *V. Aubletia.* Plante annuelle, de 40 centimètres. Tout l'été, fleurs d'un violet pourpre, en épis allongés.

Culture. Pleine terre ; multiplication de graines semées en septembre en pots que l'on hiverne sous châssis, ou au printemps.

Verveine à feuilles rugueuses. *V. venosa.* Plante vivace, de 40 centimètres, que l'on cultive comme plante annuelle. Tout l'été, fleurs pourpré violacé, en épis.

Culture. Pleine terre ; multiplication de graines semées en septembre en pots que l'on hiverne sous châssis, ou au printemps.

Vigne vierge. *Cissus quinquefolia.* Plante grimpante, à feuilles palmées, à folioles lancéolées profondément dentées. En automne, fleurs verdâtres.

Culture. Pleine terre ; tout terrain. (Propre à garnir les murs et les berceaux.)

On cultive en Russie avec beaucoup de succès le *Cissus antarctica,* plante grimpante, que nous recommandons tout particulièrement aux amateurs de jardinage d'appartements.

Violette des quatre saisons. *Viola odorata.* Plante vivace, peu élevée, à feuilles cordiformes, dentées. De septembre en février, fleurs bleues, odorantes. — Variété à fleurs doubles.

Culture. Pleine terre; tout terrain. (Propre à faire des bordures.)

On peut facilement avoir des violettes en fleurs pendant tout l'hiver en plaçant en automne des châssis sur les Violettes cultivées en pleine terre, ou bien en forçant dans la serre des touffes de violettes que l'on plante en pot en septembre.

Viscaria oculata. Plante annuelle, de 40 centimètres. Tout l'été, fleurs blanches ou roses, à centre pourpre.

Culture. Pleine terre; multiplication de graines semées en septembre en pots que l'on hiverne sous châssis, ou au printemps.

Volubilis ipomé pourpre. *Convolvulus purpureus.* Plante grimpante, annuelle. Tout l'été et l'automne, fleurs grandes, blanches, bleues, pourpres ou panachées.

Culture. Pleine terre; tout terrain; multiplication de graines semées en place en avril et mai.

Witlavia grandiflora. Plante annuelle, de 40 centimètres. Tout l'été, fleurs campanulées, d'un beau violet.

Culture. Pleine terre; multiplication de graines semées en place en avril et mai.

Zinnia elegans. Plante annuelle, de 50 à 60 centimètres. Tout l'été et l'automne, fleurs grandes, de toutes les couleurs.

Culture. Pleine terre; tout terrain; multiplication de graines semées sur couche en mars, ou en pleine terre en avril.

TABLE ALPHABÉTIQUE.

Paris. — Typographie de Firmin Didot frères, fils et Cie, rue Jacob, 56.